普通高等教育"十四五"规划教材

"十三五"国家重点研发项目 （2017YFC0804300）

国家自然科学基金面上项目 （51674263）

采矿虚拟仿真教程

侯运炳 樊静丽 编著

U0315683

北 京

冶 金 工 业 出 版 社

2021

内 容 提 要

本书共分 9 章,依托采矿虚拟仿真教学系统,以现代化实际矿井为原型背景,还原了矿井作业环境和工业场景,包括生产系统、技术工艺、设备设施、智能采矿和灾害事故管理等的真实场景和生产过程,以虚拟仿真三维可视化方式介绍了煤炭开采地面工业系统、开拓方式、准备方式、辅助生产系统、采掘生产系统、智能采矿系统、灾害事故、安全环保和露天开采等方面的虚拟仿真教学内容。

本书可作为高等院校采矿工程专业本科及研究生教材,也可作为煤炭企业生产管理和职工培训参考书。

图书在版编目(CIP)数据

采矿虚拟仿真教程/侯运炳,樊静丽编著 . —北京:
冶金工业出版社,2021.9
普通高等教育"十四五"规划教材
ISBN 978-7-5024-8901-4

Ⅰ. ①采…　Ⅱ. ①侯…　②樊…　Ⅲ. ①矿山开采—仿真系统—高等学校—教材　Ⅳ. ①TD8-39

中国版本图书馆 CIP 数据核字(2021)第 163598 号

出 版 人　苏长永
地　　址　北京市东城区嵩祝院北巷 39 号　邮编　100009　电话　(010)64027926
网　　址　www.cnmip.com.cn　电子信箱　yjcbs@cnmip.com.cn
责任编辑　曾　媛　美术编辑　吕欣童　版式设计　禹　蕊
责任校对　李　娜　责任印制　禹　蕊
ISBN 978-7-5024-8901-4
冶金工业出版社出版发行;各地新华书店经销;北京博海升彩色印刷有限公司印刷
2021 年 9 月第 1 版,2021 年 9 月第 1 次印刷
787mm×1092mm　1/16;23.75 印张;577 千字;364 页
69.00 元

冶金工业出版社　投稿电话　(010)64027932　投稿信箱　tougao@cnmip.com.cn
冶金工业出版社营销中心　电话　(010)64044283　传真　(010)64027893
冶金工业出版社天猫旗舰店　yjgycbs.tmall.com
(本书如有印装质量问题,本社营销中心负责退换)

序

坚持立德树人，强化以能力为先的人才培养理念，深化人才培养过程中的教学改革、加强实践教学环节，是实施"素质教育"和高等教育"质量工程"、全面提高教育质量的重要内容。国家极为重视虚拟仿真等信息技术在实践教学中的改革作用，2013年，教育部决定开展国家级虚拟仿真实验教学中心建设工作，2017年，教育部启动了国家级示范性虚拟仿真实验教学项目建设工作，有力地促进了虚拟仿真技术与高等教育教学方法的融合和高校实践教学水平的提高。

采矿工程专业教学培养具有专业综合性强，矿井（山）生产系统及环境极其复杂，实践性、创新性要求高的特点，矿山认识实习、生产实习、毕业实习及课堂实践教学、实验室实验、大学生创新实践是重要的实践教学和创新能力培养环节，矿山智能化开采对采矿工程专业教学实践提出了更高要求。由于实验室无法还原需要大型昂贵设备配套作业的矿井（山）生产工艺系统和生产环境，现代化矿井（山）因为受危险环境、繁忙生产以及生产系统大多布置在井下复杂环境等因素影响无法提供充分的实验、实践条件，采矿工程专业教学培养长期以来一直存在矿山实习难、矿山实习及教学实践效果不佳的教学难题。

根据专业教学特点和存在的问题，深化信息仿真技术与采矿工程教育教学深度融合，拓展教学内容广度和深度、延伸教学时间和空间，推进采矿工程专业教学内容、方法、技术、手段及实践教学模式的改革，对于加强学生实践能力和创新精神培养、提升办学水平和教育质量具有极其重要的作用。

侯运炳教授及团队积极致力于采矿虚拟仿真教学改革研究、采矿虚拟仿真教学系统研发和虚拟仿真实验室建设，已建成具有国际一流水平的大型体系化采矿虚拟仿真教学系统和虚拟矿山实习基地，在教学实践中积极推广应用，积累了丰富的虚拟仿真教学经验，在教学改革中发挥了重要作用，并获得首批国家级虚拟仿真一流课程和2020年全国煤炭行业教学成果特等奖。这本教材以大型采矿虚拟仿真教学系统为依托进行编写，包括地面工业系统、开拓方式、准备方式、辅助生产系统、采掘生产系统、智能采矿系统、矿井灾害事故、安全与环保、露天开采等内容。教材内容系统全面，以虚拟仿真三维可视化方式重点讲解采矿工程复杂的理论知识、先进技术工艺和智能采矿高新技术，有利于学生掌握科学知识和培养创新能力，在教材编写方法上是一种创新探索。在此祝贺作者出版此书，并希望此书对采矿工程相关方面的教学改革起到积极的推动作用。

中国工程院院士

2021 年 6 月

前　言

为推进教育教学改革，在重大教改项目和"十三五"国家重点研发项目支持下，侯运炳教授领衔团队采用先进的虚拟仿真技术，以真实现代化矿井为原型背景，还原矿山真实作业环境、工业场景、设备设施、先进采矿工艺技术流程，吸收智能采矿最新技术及科研成就，建设了大型体系化采矿三维虚拟仿真实验实践教学系统和虚拟矿山实习基地。

采矿虚拟仿真教学系统突出以学生为中心、重点培养学生创新实践能力的教学理念，遵循既能满足相关课程及实验、关键知识点学习的要求，同时能满足学生认识实习和生产实习对矿山开采整体结构和生产工艺学习实践要求的开发原则，按照矿山地质、地面系统、开拓方式、准备方式、辅助生产系统、采掘生产系统、智能采矿系统、灾害事故、安全环保、露天开采等矿山系统结构划分教学单元模块，为教学提供系统化全方位的虚拟仿真教学场景，引导学生在高度仿真的虚拟矿井（山）环境中学习和创新实践。

虚拟仿真教学单元有明确的学习目标，严格遵守矿山安全规程，实习内容系统完整并和课堂教学内容有机联系，包括作业环境、工艺流程、设备设施、实习环节和关键知识点的三维逼真仿真展示过程，并附有思考题以检验学生的掌握程度。

根据实践教学需要，一些重要的教学单元如综掘工艺、锚网支护工艺、综采工艺、综放工艺、采煤设备、矿井安全等，建设了大型复杂逼真的交互式操作训练虚拟仿真模型，满足学生对工艺技术、设备操作训练的要求。

本教材依托采矿三维虚拟仿真实验实践教学系统而编写，共分9章：

第1章介绍煤的知识、工业广场、主井井塔及提升设备、副井机房及提升设备、主通风机房、压风机房、注浆注氮泵站、地面主变电所、瓦斯抽放泵站、洗煤厂、坑口电站、地面煤流系统、调度室仿真教学内容。

第2章介绍立井开拓、斜井开拓、综合开拓、平硐开拓、多井筒分区域开拓仿真教学内容。

第3章介绍上（下）山采区准备方式、上（下）山盘区准备方式、带区准备方式仿真教学内容。

第4章介绍主副井提升系统、主运输系统、辅助运输系统、通风系统、供电系统、排水系统、压风系统、防灭火（消防、注浆、注氮）系统、瓦斯抽采系统、洒水防尘系统仿真教学内容。

第5章介绍综合机械化掘进工艺、锚网索支护工艺、综合机械化采煤工艺、综合机械化放顶煤工艺、矸石充填开采工艺、柱式采煤法、"三下一上"特采工艺仿真教学内容。

第6章介绍煤矿智能采矿基本概念和智能采矿系统基本构架，透明化矿山和三维矿山模型建模技术，智能采矿数字孪生系统；可视化展示智能采煤工作面的地质和设备模型建立、设备管控、采煤机自动调姿、液压支架控制与调姿、惯性导航与工况管控的智能开采原理；介绍透明化智能综采系统的透明化工作面构建、智能采煤工作面数字孪生、精确定位导航和测量机器人系统、高精度三维地质模型动态修正、5G技术应用、基于时态地理信息系统一张图的可视化管控等关键技术。

第7章介绍矿井水灾事故、顶板事故、冲击地压事故、矿井火灾事故、瓦斯爆炸事故、煤尘爆炸事故、煤与瓦斯突出事故仿真教学内容。

第8章介绍安全监控检测系统、人员井下定位及动态监管系统、压风自救系统、隐患排查、安全行为管理、采煤塌陷治理仿真教学内容。

第9章介绍露天开采仿真教学内容。

本教材可作为矿山实习指导教材，采矿虚拟仿真实践、采煤概论、采矿工程专业导论课程教材，智能采矿、采煤学、地下工程、矿山机械、矿山系统工程、矿山安全等课程的参考教材，以及大学生创新实践、课程设计、毕业设计指导教材，也可供煤炭企业生产管理和职工培训使用。

本教材的编写，得到了中国工程院彭苏萍院士的指导和北京大学毛善君教授的帮助，在此深表感谢。

由于作者水平所限，书中疏漏和不妥之处在所难免，敬请各位专家、学者指正。

侯运炳

2021年6月

目　　录

1 地 面 系 统

本章提要： 介绍煤的形成、煤质指标、煤的分类、煤的综合利用、煤层赋存特征等知识。漫游工业广场，展示工业设施布局，重点介绍地面煤流系统、主井设施及提升设备、副井设施及提升设备、主通风机房及设备设施、矿井地面主变电所、瓦斯抽采泵站、压风机房、注浆注氮机房、选煤厂、调度室等。

关键词： 煤的知识；工业广场；煤流系统；工业设施；设备；煤炭洗选

1.1 煤 的 知 识

1.1.1 煤的形成

煤是由古代植物的遗体经过复杂的生物、地球化学、物理化学作用转变而成的。我国石炭二叠纪、侏罗纪、第三纪古植物遗体变化成煤的过程是极其缓慢和复杂的，需经几千万年甚至几亿年，并且要有多种有利的自然条件相配合。温暖潮湿的条件、丰富的植物资源、泥炭沼泽环境、地壳运动的有机配合是成煤的四个必要条件。

地质学家认为，煤的形成过程大致分为三个阶段：

第一阶段：泥炭化阶段，即由植物遗体变成泥炭的阶段。植物遗体在沼泽中被水淹没后隔绝了氧气，在缺氧的条件下由于厌氧细菌的作用，植物遗体经过复杂的生物化学变化，分解产生二氧化碳和沼气等气体逸散出去，剩下的形成褐色多水疏松的物质，即为泥炭，如图 1-1 和图 1-2 所示。

图 1-1 植物遗体在沼泽中被水淹没

图 1-2　　植物遗体经过复杂的生物化学变化形成泥炭

第二阶段：煤化阶段，即由泥炭变成褐煤的阶段。由于地壳缓慢下沉，泥炭不断堆积而形成泥炭层，并且被泥沙等物质层层覆盖掩埋。在上覆逐渐加厚的泥沙沉积物的压力和地热作用下，泥炭层逐渐被压紧、失去水分并致密起来，体积缩小，密度和硬度增加，氢、氧含量进一步减少，含碳量相对增加而形成褐煤，如图 1-3 和图 1-4 所示。

图 1-3　　泥炭不断堆积形成泥炭层

图 1-4　　泥炭形成褐煤

  第三阶段：变质阶段，即由褐煤变成烟煤和无烟煤的阶段。随着地壳的运动和下沉，上层覆盖物加厚，褐煤在地壳深处进一步受温度和压力的作用，逐渐变质形成烟煤。烟煤继续变质，就形成无烟煤，如图 1-5～图 1-8 所示。

图 1-5　褐煤上层覆盖物加厚

图 1-6　褐煤进一步受温度和压力的作用

图 1-7　褐煤逐渐变质形成烟煤

图 1-8　烟煤继续变质形成无烟煤

1.1.2　煤质指标

常用的煤质指标如下：

（1）水分（M）。煤的全水包括外在水分和内在水分。外在水分是附着在煤颗粒表面的水分，很容易在常温下的干燥空气中蒸发，蒸发到煤颗粒表面的水蒸气压与空气的湿度平衡时就不再蒸发了。内在水分，是吸附在煤颗粒内部毛细孔中的水分。内在水分需在 100℃ 以上的温度经过一定时间才能蒸发。

（2）灰分（A）。煤的灰分是指煤中所有可燃物完全燃烧后，煤中矿物质在一定温度下发生一系列分解、化合等复杂反应后剩下的残留物。

（3）挥发分（V）。在隔绝空气的条件下，将煤在（900 ± 10）℃温度下加热 7min 时，煤中的有机质和一部分矿物质就会分解成气体和液体（蒸气状态）逸出，逸出物减去煤中的水分即为挥发分。挥发分是煤在特定温度下的热分解产物，是煤炭分类的重要指标。

（4）胶质层厚度（Y）。胶质层厚度是指在隔绝空气的条件下，将煤样加热到一定温度，煤中有机质开始分解软化，形成黏稠状胶质体的厚度。该指标能反映煤的黏结性强弱。

（5）发热量（Q）。发热量是煤炭质量的主要指标，是单位质量的煤完全燃烧后所产生的全部热量，单位为 MJ/kg。

（6）含矸率。含矸率是指矿井开采出来的煤炭中含有大于 50mm 的矸石量占全部煤炭的百分率。

1.1.3　煤的分类

煤根据煤化度分为褐煤、烟煤、无烟煤三大类。国家标准根据干燥无灰基挥发分（V_{daf}）、烟煤的黏结性指数（$G_{R.L}$）、烟煤的胶质层最大厚度（Y）、烟煤的奥-阿膨胀度（b）、干燥无灰基氢含量（H_{daf}）、煤样的透光率（PM）、煤的恒温无灰基高位发热量（$Q_{gr,maf}$）等分类指标，将煤炭分为 14 类。

（1）无烟煤（WY）。挥发分低，固定碳高，密度大，纯煤真密度最高可达 $1.90t/m^3$，燃点高，燃烧时不冒烟。无烟煤主要是民用和制造合成氨的造气原料，低灰、低硫和可磨性好的无烟煤不仅可以作高炉喷吹及烧结铁矿石用的燃料，而且还可以制造各种碳素材料，如碳电极、阳极糊和活性炭的原料。

（2）贫煤（PM）。变质程度最高的一种烟煤，不黏结或微弱黏结，在层状炼焦炉中不结焦，燃烧时火焰短，耐烧。主要是发电燃料，也可作民用和工业锅炉的掺烧煤。

（3）贫瘦煤（PS）。黏结性较弱的高变质、低挥发分烟煤，结焦性比典型瘦煤差，单独炼焦时，生成的焦粉甚少。如在炼焦配煤中配入一定比例的贫瘦煤，也能起到瘦化作用。这种煤也可作发电、民用及锅炉燃料。

（4）瘦煤（SM）。低挥发分的中等黏结性的炼焦用煤，焦化过程中能产生相当数量的焦质体。单独炼焦时，能得到块度大、裂纹少、抗碎强度高的焦煤，但这种焦炭的耐磨强度稍差，作炼焦配煤使用，效果较好。这种煤也可作发电和一般锅炉的燃料，也可供铁路机车掺烧使用。

（5）焦煤（JM）。中等或低挥发分的以及中等黏结或强黏结性的烟煤，加热时产生热稳定性很高的胶质体，如用来单独炼焦，能获得块度大、裂纹少、抗碎强度高的焦炭。这种焦煤的耐磨强度也很高。但单独炼焦时，由于膨胀压力大，易造成推焦困难，一般作为炼焦配煤用，效果较好。

（6）1/3 焦煤（1/3JM）。中高挥发分的强黏结性煤，是介于焦煤、肥煤和气煤之间的过渡煤种，单炼焦时能生成熔融性良好、强度较高的焦煤，炼焦时这种煤的配入量可在较宽范围内波动，但都能获得强度较高的焦炭，1/3 焦煤也是良好的炼焦配煤用的基础煤。

（7）肥煤（FM）。中等及中高挥发分的强黏结性的烟煤，加热时能产生大量的胶质体。肥煤单独炼焦时，能生成熔融性好、强度高的焦炭，其耐磨强度也比焦煤炼出的焦炭好，因而是炼焦配煤中的基础煤。但单独炼焦时，焦炭上有较多的横裂纹，而且焦根部分常有蜂焦。

（8）气肥煤（QF）。一种挥发分和胶质体厚度都很高的强黏结性肥煤，有人称其为"液肥煤"。这种煤的结焦性介于肥煤和气煤之间。单独炼焦时能产生大量气体和液体化学产品。气肥煤最适于高温干馏制煤气，也可用于配煤炼焦，以增加化学产品产率。

（9）气煤（QM）。一种变质程度较低的炼焦煤，加热时能产生较多的挥发分和较多的焦油。胶质体的热稳定性低于肥煤，也能单独炼焦，但焦炭的抗碎强度和耐磨强度均稍差于其他炼焦煤，而且焦炭多呈长条而较易碎，且有较多的纵裂纹。在配煤炼焦时多配入气煤，可增加气化率和化学产品回收率，气煤也可以高温干馏来制造城市煤气。

（10）1/2 中黏煤（1/2ZN）。一种中等黏结性的中高挥发分烟煤。这种煤有一部分在单煤炼焦时能生成一定强度的焦炭，可作为配煤炼焦的煤种；黏结性较弱的另一部分单独炼焦时，生成的焦炭强度差，粉焦率高。因此，1/2 中黏煤可作为气化用煤或动力用煤，在配煤炼焦中也可适量配入。

（11）弱黏煤（RN）。一种黏结性较弱的低变质到中等变质程度的烟煤，加热时，产生的胶质体较少，炼焦时，有的能生成强度很差的小块焦，有的只有少部分能结成碎屑焦，粉焦率很高，因此，这种煤多适于作气化原料和电厂、机车及锅炉的燃料煤。

（12）不黏煤（BN）。多是在成煤初期就已经受到相当氧化作用的低变质到中等变质程度的烟煤，加热时基本上不产生胶质体。这种煤的水分大，有的还含有一定量的次生腐殖酸；含氧量有的高达 10% 以上。不黏煤主要作气化和发电用煤，也可作动力和民用燃料。

（13）长焰煤（CY）。变质程度最低的烟煤，从无黏结性到弱黏结性的均有，最年轻的长焰煤还含有一定数量的腐殖酸，贮存时易风化碎裂。煤化度较高的长焰煤加热时还能产生一定数量的胶质体，结成细小的长条形焦炭，但焦炭强度很差，粉焦率也相当高，因此，长焰煤一般作气化、发电和机车等燃料用煤。

（14）褐煤（HM）。分为两小类：透光率 PM 大于 30%~50% 的年老褐煤和 PM 小于或等于 30% 的年轻褐煤。褐煤的特点是：水分大，密度小，不黏结，含有不同数量的腐殖酸。煤中含氧量常高达 15%~30% 左右，化学反应性强，热稳定性差，块煤加热时破碎严重，存放在空气中易风化变质、碎裂成小块乃至粉末状。发热量低，煤灰熔点也大都较低，煤灰中常含较多的氧化钙和较低的三氧化二铝。因此，褐煤多作为发电燃料，也可作气化原料和锅炉燃料。有的褐煤可用来制造磺化煤或活性炭，有的可作为提取褐煤蜡的原料。另外，年轻褐煤也适用于制作腐殖酸铵等有机肥料，用于农田和果园，能促进增产。

1.1.4　煤的综合利用

（1）炼焦煤。炼焦是将煤放在干馏炉中，在隔绝空气的条件下加热，随着温度的提高（最终达 1000℃ 左右），煤中有机质开始分解，其中挥发分物质逸出，成为焦炉煤气和煤焦油，留下的不挥发性产物即为焦炭。焦炭是焦化工业的主要产品，是冶金工业的主要燃料和还原剂，主要用于高炉炼铁和铸造等，也可用来制造氮肥和电石。焦油主要用来制造高级液体燃料及化工产品的原料。常用的炼焦煤包括气煤、气肥煤、肥煤、1/3 焦煤、焦煤、瘦煤等。

（2）气化用煤。煤的气化是以氧、水、二氧化碳、氢等为气化介质，经过热化学处理，把煤转变为各种用途的煤气。煤通过气化所得的煤气，有空气煤气、水煤气、半水煤气和混合煤气等，可作工业或民用燃料，也可作化工合成原料，如制成合成氨生产氮肥。沸腾层发生炉主要用褐煤、长焰煤、弱黏煤作原料。固定层煤气发生炉一般用无烟煤、贫煤或焦炭作原料。

（3）低温干馏用煤。低温干馏是指采用较低的加热终温（500~600℃），使煤在隔绝空气条件下，受热分解生成半焦、低温煤焦油、煤气和热解水过程。与高温干馏（即焦化）相比，低温干馏的焦油产率较高而煤气产率较低。

（4）加氢液化用煤。加氢液化是将煤、催化剂和重油合在一起，在高温高压下使煤中有机质破坏，与氢作用转化成低分子状态和气态产物，进一步加工即可得到汽油、柴油等燃料，即通常所说的煤制油技术。直接液化的煤，一般是褐煤、长焰煤等年轻煤种。

煤的液化方法主要分为煤的直接液化和煤的间接液化两大类。煤在氢气和催化剂作用下，通过加氢裂化转变为液体燃料的过程称为直接液化。以煤为原料，先气化制成合成气，然后通过催化剂作用将合成气转化成烃类燃料、醇类燃料和化学品的过程叫间接液化。

（5）燃烧用煤。任何煤都可以作为工业和民用燃料，这是利用价值最低的一种用途，所以一般适用比较低劣的煤。燃烧用煤主要有火力发电、机车、船舶及其他各种锅炉及民用。

1.1.5 煤层的赋存特征

煤田，是指含煤地层比较连续或不连续、在同一成矿条件下形成的、一般分布范围较广的产煤地。

煤田中的煤层数目、层间距和赋存特征各不相同。有的煤田只有一层或几层煤层，有的却有数十层煤层。我国多数煤矿开采的是多煤层煤田。

煤层通常是呈层状的，煤层中有时含有厚度小于 0.5m 的沉积岩夹层，称为夹矸。根据煤层中有无较稳定的夹矸层可将煤层分为简单结构和复杂结构两类。

简单结构的煤层中没有稳定的夹矸层，但有时含有少量的矸石透镜体。复杂结构煤层中含有较稳定的夹矸层，一般为 1~2 层，多时可达数层。

煤层倾角，是指煤层层面与水平面所夹的两面角。根据倾角可将煤层分为 4 类：

（1）近水平煤层，倾角小于 8°；

（2）缓（倾）斜煤层，倾角 8°~25°；

（3）中斜煤层，倾角 25°~45°；

（4）急（倾）斜煤层，倾角大于 45°。

通常把倾角 35°~55° 的煤层称为大倾角煤层。

煤层厚度，是指煤层顶底板之间的法线距离。根据煤层厚度可将煤层分为 3 类：

（1）薄煤层，煤厚小于 1.3m；

（2）中厚煤层，煤厚 1.3~3.5m；

（3）厚煤层，煤厚大于 3.5m。

通常把厚度大于 8m 的煤层称为特厚煤层。

根据煤种、煤质和煤层倾角，我国煤矿薄煤层的最小开采厚度为 0.5~0.8m。

煤层的稳定性，是指煤层形态、厚度、结构和可采性的变化程度。按稳定性可将煤层分为稳定煤层、中等稳定煤层、不稳定煤层和极不稳定煤层。

地层的地质构造如断层和褶曲对矿井开采有重大影响，煤田中的断层越多，开采越困难。

煤层顶底板的强度、节理裂隙发育程度和稳定性，直接影响采煤工艺的选择。

矿井水对安全开采有重大影响。

从煤层和其围岩中涌向作业空间的瓦斯对煤矿安全生产有重大影响，瓦斯涌出量一般随煤层的变质程度增高和埋藏深度增加而增加。

采深也是影响煤矿生产的重要因素。采深加大后，矿山压力及其显现、地温均会明显增加，甚至出现冲击地压。

思 考 题

1. 煤的形成条件是什么？

2. 简述成煤作用的三个阶段过程。

3. 常用煤质指标有哪些？

4. 简述煤的分类方法。

5. 简述煤的用途。

6. 煤层的赋存特征有哪些?

7. 简述影响开采的地质因素。

1.2　工　业　广　场

1.2.1　矿井概况

　　虚拟矿井原型是位于某地建设的大型现代化矿井。井田面积 42.62km²，可采储量 5.32 亿吨。矿井设计生产能力 600Mt/a，生产服务年限 68.2a，并配套建设 600Mt/a 选煤厂。

　　煤田划分为井田，应保证各井田有合理的尺寸和境界，使煤田各部分都能得到合理开发。煤矿地下开采需要从地表开凿井筒通至地下，掘进巷道，布置采区（盘区或带区）和采煤工作面，或直接就在大巷两侧布置采煤工作面采煤，采煤后的采空区需及时处理，采出的煤需要运输并提升到地面。为保证正常生产，必须要有完善的井下和地面生产系统，通常包括采掘、运输、提升、通风、排水、供电、通信等。

　　根据煤层赋存特征与产状要素，从地表开掘一系列井巷进入煤层，称为井田开拓。矿井采用立井单水平开拓方式，如图 1-9~图 1-11 所示。

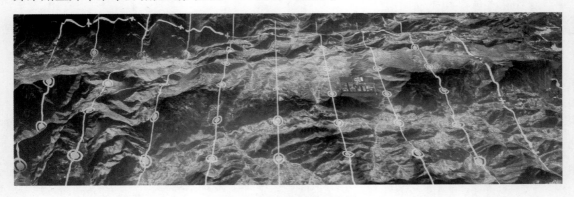

图 1-9　工业广场地面位置

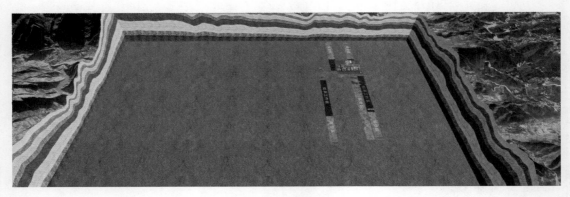

图 1-10　井田划分

图 1-11　井上下对照图

1.2.2　工业广场

　　工业广场是连接煤矿井下又为煤矿井上下服务的所有地面建筑设施。工业广场布置按功能划分可分为生产区、辅助生产区和行政福利区，包括行政办公楼、生产调度室、主井提升系统和副井提升系统、通风机房、瓦斯抽放泵站、注浆注氮机房、消防水池、110kV地面变电所、10kV变电所、机修车间、选煤厂、浓缩池、地销仓、商品煤仓、商品煤外运装煤仓、火力发电站、救护队综合楼、多功能模拟厅、供水房、单身公寓、区队办公楼等，如图 1-12~图 1-15 所示。

图 1-12　工业广场

图 1-13　生产区

图 1-14　辅助生产区

图 1-15　行政福利区

　　行政办公楼是用于各个科室办公的地方，包括矿长办公室、总工程师办公室、安全矿长办公室、生产矿长办公室、机电矿长办公室、经营矿长办公室、生产技术科、企管科、机电科、通风科、地测科、安检科、综合办公室、调度室、劳资科、政工部、工会、培训中心、信息中心等，如图 1-16 所示。

图 1-16　行政办公楼

　　调度室负责煤矿日常生产的监控、组织及协调工作，是应对突发事件的指挥中心，如图 1-17 所示。

　　主井提升系统由主井井塔、提升绞车、提升箕斗等组成，负责井下煤炭的提升任务。

图 1-17　生产调度室

副井提升系统由副井井架及提升机房、提升绞车、摩擦式提升机罐笼等组成，负责人员、设备、材料、矸石等提升任务，如图 1-18 所示。

图 1-18　主井系统和副井系统

通风机房及设施是负责全矿井通风的主要设施，主要包括通风机、风硐、防爆门（防爆井盖）、扩散器（扩散塔）、反风装置。矿井必须安装两套同等能力的主要通风装置，如图 1-19 所示。

图 1-19　通风机房

注浆注氮机房安装有注浆注氮设备设施，煤矿井下发生火灾时，从地面将浆液或氮气注入井下进行灭火。另外，可以将浆液或氮气提前注入到井下火灾隐患区进行防火，如图1-20所示。

图1-20　注浆注氮机房

消防水池为矿井消防系统提供消防用水，如图1-21所示。

图1-21　消防水池

压风机房安装有空气压缩机，提供井下气动工具用的气源、井下自救装置的氧气源、各种气动阀门的动力源，如图1-22所示。

图1-22　压风机房

瓦斯抽放泵站装有瓦斯抽采泵，将煤矿瓦斯从井底抽出，将其合理利用，防止煤与瓦斯突出，防止瓦斯超限和积聚，降低煤层瓦斯含量，保证煤矿的安全生产，如图 1-23 所示。

图 1-23　瓦斯抽放泵站

机修车间是对煤矿生产所需的设备进行检查维修的工作地，如图 1-24 所示。

图 1-24　机修车间

矿井地面主变电所从电力系统中接受电源、变换电压，为全矿分配电能，如图 1-25 所示。

图 1-25　110kV 地面变电所

10kV 变电所变低电压到 220V/380V/660V，供电气设备使用，如图 1-26 所示。

图 1-26 　10kV 变电所

选煤厂是对煤炭进行分选，除去原煤中的矿物杂质，把它加工成不同规格产品的煤炭加工厂。选煤厂包括主厂房、与主厂房通过皮带廊相连的各种煤仓、管沟相连的浓缩池等，如图 1-27 和图 1-28 所示。

图 1-27 　选煤厂

图 1-28 　浓缩池

煤仓是储存各种商品煤的地方，如图1-29～图1-31所示。

图1-29　地销仓

图1-30　商品煤仓

图1-31　商品煤外运装煤仓

坑口发电厂是为了减轻燃料运输对发电成本的影响，在煤矿井口附近建立的火力发电厂。坑口发电厂能够为整个矿区乃至更大范围供电。一般坑口发电厂使用中煤和煤泥作为燃料，如图1-32所示。

救护队综合楼专供矿山救护队使用。矿山救护队是处理和抢救矿井火灾、矿山水灾、

图 1-32　火力发电站

瓦斯与煤尘爆炸、瓦斯突出与喷出等矿山灾害的专业队伍，如图 1-33 所示。

图 1-33　救护队综合楼

多功能模拟厅为职工培训和救灾演练提供场所，如图 1-34 所示。

图 1-34　多功能模拟厅

生产生活服务设施还包括生活给水处理及供水房、单身公寓、区队办公楼等，如图 1-35~图 1-37 所示。

图 1-35 供水房

图 1-36 单身公寓

图 1-37 区队办公楼

思 考 题

1. 什么叫工业广场，工业广场布置划分为哪三个功能区？
2. 简述工业广场的布局结构。
3. 试述工业广场各主要建筑设施的主要功能。

1.3　主井及副井

1.3.1　立井提升

立井提升系统主要由提升容器、提升钢丝绳（平衡钢丝绳）、提升机、电动机、主井装卸载系统、副井上下操车系统、过卷和过放防护设备、电控系统、提升信号系统、井架或井塔等组成。

提升容器有立井多绳箕斗、立井单绳箕斗和立井多绳罐笼、立井单绳罐笼等。箕斗用于提升煤炭，罐笼主要用于提升矸石、材料、设备、升降人员等。

提升机有多绳摩擦式提升机、单绳缠绕式提升机和液压提升机等。主要组成有主轴装置（包括卷筒本体摩擦衬垫及固定装置、制动盘、主轴承等）、车槽装置、导向轮（天轮）装置（包括导向轮、轴承、绳槽衬垫、钢绳滑动检测装置、导向轮基础支架等）、主电动机、制动系统（包括液压弹簧制动器、液压站装置、液压站控制系统等）、附属装置。

提升机电控系统的组成主要有：晶闸管变频器（变流器），控制、监测及安全系统，司机控制台，制动电控系统及各种监测及保护开关等。提升机的电气传动方式有直流传动、交-交变频传动和交-直-交变频传动。

立井提升容器与提升钢丝绳的连接，应采用楔形连接装置。对楔形连接装置进行编号建档管理，并定期探伤和更换。

立井摩擦式提升系统有井塔式和落地式两种布置方式。井塔式是把提升机安装在井塔上。其优点是布置紧凑、节省工业广场占地，没有天轮，钢丝绳不在露天中，改善了钢丝绳的工作条件，但需要建造井塔，费用较高。井塔式摩擦提升机又可分为有导向轮和无导向轮两种。

落地式是将提升机安装在地面上，其优点是井架建造费用低，减少了矿井的初期投资，并可提高抵抗地震灾害能力。

1.3.2　主井系统主要设备设施

主井提升系统的主要任务是承担采煤工作面采出的原煤及综掘工作面采出原煤的提升任务。

主井主要设备设施有主井井塔及提升机房、提升绞车、司机操作台、液压站、配电设备及电控，如图 1-38~图 1-42 所示。主井井塔主要是为主井服务的建筑物，其主要作用是支撑天轮和承受全部提升重量等。

图 1-38　主井井塔

图 1-39 主井提升绞车

图 1-40 主井液压站

图 1-41 主井司机操作台

图 1-42 主井配电设备及电控

　　主井箕斗井底装载方式主要有定量输送机方式和定量斗箱方式，箕斗的卸载方式主要有固定曲轨方式和外动力方式。

1.3.3　副井系统主要设备设施

　　副井提升系统负责运送材料、机械设备、设施、配件等到井下；把井下产生的煤矸石、岩石和其他废弃物以及需要升井大修的机械设备、设施、配件运送出井；运送升井和下井工作人员。副井一般还承担进风任务。

　　副井设备设施主要有副井井架及提升机房、提升绞车、司机操作台、液压站、配电设备及电控、摩擦式提升机罐笼等，如图 1-43~图 1-48 所示。副井井架主要是为副井服务的建筑物，井架旁建设提升机房。

图 1-43　副井井架与提升机房

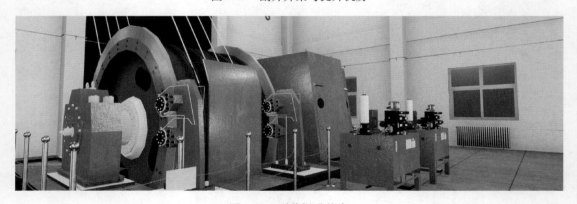

图 1-44　副井提升绞车

　　罐笼一般用于矿井的副井提升，作提升人员、矸石、设备、材料等用。罐笼的两端设有帘式罐门，罐笼通过悬挂板和钢丝绳悬挂装置的双面夹紧楔形绳环与提升绳相连。近年来，随着无轨胶轮设备的广泛应用，为便于大型胶轮运输设备的提升，副井罐笼往往分设大、小两个罐笼，分别用于提升设备和人员。

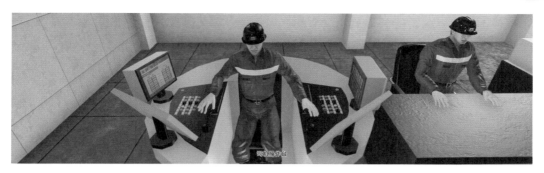

图 1-45　副井司机操作台

图 1-46　副井液压站

图 1-47　副井配电设备及电控

图 1-48　摩擦式提升机罐笼

副井采用轨道运输的，其操车设备主要有电动链式推车机、销齿操车装置等。副井采用无轨运输的，则在井口、井底设置罐笼锁紧装置及摆动平台或自适应稳罐（胶轮车）摇台，以保证人员、无轨胶轮车或无轨平板车的出入安全。

1.3.4　相关管理规定

（1）升降人员或者升降人员和物料的单绳提升罐笼必须装设可靠的防坠器。

（2）提升矿车的罐笼内必须装有阻车器。升降无轨胶轮车时，必须设置专用定车或者锁车装置。

（3）罐笼内每人占有的有效面积应当不小于 $0.18m^2$。罐笼每层内一次能容纳的人数应当明确规定。超过规定人数时，把钩工必须制止。

（4）严禁在罐笼同一层内人员和物料混合提升。升降无轨胶轮车时，仅限司机一人留在车内，且按提升人员要求运行。

（5）立井罐笼提升井口、井底和各水平的安全门与罐笼位置、摇台或者锁罐装置、阻车器之间的联锁，必须符合安全规程要求。

思 考 题

1. 简述立井提升系统的基本概念。
2. 主井的主要功能是什么，有哪些主要设备设施？
3. 副井的主要功能是什么，有哪些主要设备设施？
4. 简述副井提升的相关安全规定。

1.4　地面煤流系统

1.4.1　煤的流动路线

煤炭在井下装入箕斗通过主井提升至地面，然后在井口房卸到皮带上，通过带式输送机栈桥运输至原煤仓，再通过带式输送机栈桥、转载站运送至洗煤厂对煤炭进行分选，除去原煤中的矿物杂质，按不同规格分为精煤、中煤和煤泥，分别输送至相应的煤仓或储煤场，商品煤再由商品煤仓经带式输送机栈桥运输至装车仓装入火车外运，如图 1-49 ~ 图 1-56 所示。

图 1-49　主井提升

图 1-50 箕斗提升过程

图 1-51 井口房箕斗卸载

图 1-52 通过井口房带式输送机转运

图 1-53 通过带式输送机栈桥运输至原煤仓

图 1-54　原煤仓煤炭运至洗煤厂

图 1-55　产品煤运输至商品煤仓或储煤场

图 1-56　商品煤运输至装车仓装入火车外运

1.4.2　入仓系统和装车系统

（1）入仓系统。入仓系统为调节产、运、销之间产生的不平衡，保证矿井和运输部门正常均衡生产而设置的有一定容量的煤仓。接受生产成品煤炭，保证其能够顺利出厂，进入最后的装车阶段。

（2）装车系统。包括装车、调车和计量。装车站的布置形式受到煤矿地面生产工艺、地形、运量、装车作业方式等多种因素的影响。煤炭装车主要有普通装车和快速定量装车两种方式。普通装车一般采用跨线双仓，仓位下配套称重设备（轨道衡），由铁牛或调机牵引装车，可实现两股道同时装车，主要应用于横列式装车站。快速定量装车一般采用快速定量装车仓，装车仓自带计量设备，由本务机或调机牵引，匀速通过装车仓下实现不停车，主要应用于纵列式、环形装车站。

思 考 题

1. 简述煤的流动路线和运输方式。
2. 什么是入仓系统和装车系统？

1.5 主通风机房

1.5.1 地面通风设施

主通风机房是负责全矿井通风的主要设施，主要包括：通风机、风硐、防爆门（防爆井盖）、扩散器（扩散塔）、反风装置，如图 1-57 所示。

图 1-57 主通风机房

主通风机多为抽出式，通过风井抽出废气，在井下形成全负压通风系统，如图 1-58 和图 1-59 所示。

图 1-58 通风机

风硐是连接通风机和风井的一段巷道，如图 1-60 所示。

图 1-59　抽出式通风

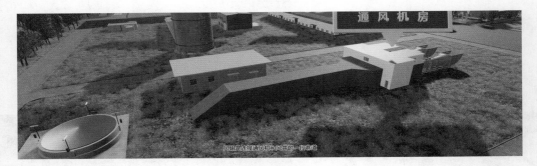

图 1-60　风硐

　　防爆门的作用是，一旦井下发生瓦斯或煤尘爆炸事故时，高压气流顶开防爆门，以降低气流压力，从而保护通风机不受损坏，如图 1-61 和图 1-62 所示。

图 1-61　防爆门

图 1-62　防爆门被顶开

扩散器的作用是降低出口速压和通风机静压，如图 1-63 所示。

图 1-63 扩散塔

反风装置是用来使井下风流反向的一种设施，以防止进风系统发生火灾时产生的有害气体进入作业区，有时为了适应救护工作也需要进行反风，如图 1-64 所示。反风装置的类型随着风机的类型和结构不同而异。主要的反风方式有风机反转反风、专用反风道反风、利用备用风机作反风道反风及调节动叶安装角反风。

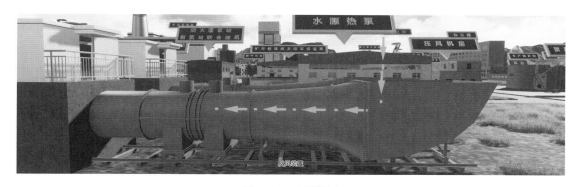

图 1-64 反风装置

矿井必须安装两套同等能力的主要通风装置，如图 1-65 所示。

图 1-65 两套通风装置

1.5.2　主通风机房相关管理制度

（1）主扇必须保证全天 24h 运转，由双人操作，做好记录，如有声音异常、停电、停风、水压计有大的变化等一系列异常现象，值班人员必须立即汇报，及时处理。

（2）重新启动或更换风机，必须保证能在 10min 内完全启动。

（3）风机房必须张贴风机启动的操作规程、反风操作规程和反风操作示意图。

（4）主扇主副司机，必须经过专业培训、经考试合格后持证上岗。

（5）主扇一旦停风，10min 内不能启动，必须立即切断井下一切电源，并通知井下人员迅速撤离工作面，撤出地面。

（6）主扇的有计划停转或启动，必须有值班调度的命令方可进行，或按专门的安全措施执行。

（7）主要通风机必须装有反风设施，并能在 10min 内改变巷道中的风流方向。当风流改变方向后，主要通风机的供给风量不应小于正常供风风量的 40%。

（8）通风机房及其附近 20m 范围内严禁烟火，不得有明火。

思 考 题

1. 地面主要有哪些通风设施？
2. 防爆门的作用是什么？
3. 主要通风机为什么必须装有反风装置？
4. 试述主通风机房的管理规定。

1.6　矿井地面主变电所

1.6.1　变电所功能及主要设备设施

矿井地面主变电所的主要作用和功能是：从电力系统中接受和汇集电源、变换电压、交换功率及为全矿分配电能，如图 1-66 和图 1-67 所示。其主要设施包括配电装置、电力变压器、控制设备、自动保护装置、通信设施与补偿装置等，如图 1-68～图 1-72 所示。

图 1-66　地面主变电所

图 1-67　分配电能

图 1-68　电力变压器

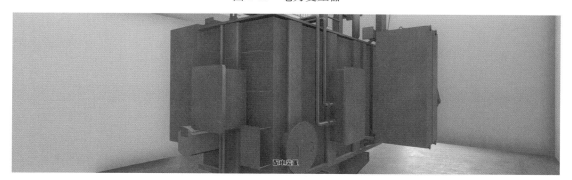

图 1-69　配电装置

图 1-70　控制设备

图 1-71　自动保护装置

图 1-72　通信设施与补偿装置

矿井应有两回路电源线路，当一回路发生故障时，另一回路担负矿井供电任务，如图 1-73 所示。

图 1-73　两回路电源线路

1.6.2　主变电所相关管理规定

（1）系统停电，先低压后高压，先分开关后总开关。

（2）高压开关停电，先断开断路器，再拉开隔离开关。

（3）系统送电，先高压开关，先总开关后分开关。

（4）高压开关送电，先合隔离开关，再合断路器。

（5）拉合刀闸和开关时，均应戴绝缘手套，穿绝缘胶靴，站在绝缘台上。

（6）装卸熔断保险器前。应戴绝缘手套，使用绝缘尖钳，并站在绝缘台上。操作前应进行停电、验电、放电。

（7）倒电操作，除应严守操作规定的程序外，配电工还必须牢记停电时应拉切真空开关，并确认电路已经切断后，方可拉切隔离开关，送电时应先合上隔离开关，后合上真空开关，必须一人操作一人监护。

（8）停电检修时，值班人员在倒闸操作完毕后，要验电、放电，短路接地，将有关开关把手加锁，悬挂标志牌，并向检修施工负责人详细交代停电范围和带电部分，必要时停电范围和带电部分之间应加装栅栏或绝缘隔板，方可准许检修人员施工。恢复送电时，必须在接到检修施工负责人的竣工可以送电的通知并经仔细检查，确认施工人员和工具、材料已撤离，短路接地线已拆除，设备状态良好后，方可执行送电操作。

（9）装设接地线，必须在验明设备已无电后进行，先将接地线一端接地，然后使用绝缘棒并戴手套，将另一端在导体上放电，最后戴着手套将各相导体接地短路。拆除时先拆除各相导体的一端，后拆除接地端。

（10）当进行检修时，应由两人负责，其中一人监护，另一值班员不得参加检修工作，应当坚守巡视职责。

思 考 题

1. 矿井地面主变电所的主要作用和功能是什么？
2. 矿井地面主变电所主要有哪些设备、设施？
3. 简述主变电所相关管理规定。

1.7 瓦斯抽采泵站

1.7.1 瓦斯抽放及设备设施

煤矿瓦斯抽采就是在地面建立瓦斯泵站，经井下抽放瓦斯管道系统与向煤层和瓦斯集聚区域打好的抽放钻孔连接，用地面瓦斯抽放泵将煤层和采空区中的瓦斯抽至地面，送入瓦斯储气罐，加以利用，或排放至总回风流中，如图1-74~图1-76所示。

图 1-74 瓦斯抽放泵站

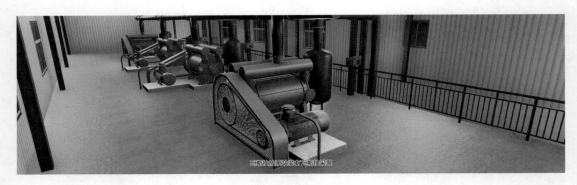

图 1-75　瓦斯抽放泵

图 1-76　瓦斯抽放泵布置

　　抽采瓦斯不仅是降低开采过程中的瓦斯涌出量、防止瓦斯超限和积聚，预防瓦斯爆炸和煤与瓦斯突出事故的重要措施，保证煤矿的安全生产，还可变害为利，将煤炭伴生的资源加以开发利用。

　　储气罐的作用是储存从井下抽出的瓦斯，如图 1-77 所示。

图 1-77　储气罐

1.7.2　瓦斯抽采泵站的相关规定

　　（1）泵房及泵房周围 20m 范围内禁止有明火和易燃物品。泵房内必须设置充足的干粉灭火器和砂箱等灭火器材。

（2）进入泵站人员严禁携带烟火、手机等点火和易燃易爆危险物品。

（3）泵房内电器设备、照明和其他电器、检测仪表均应采用矿用防爆型。

（4）非瓦斯抽采泵站工作人员一律不得进入瓦斯抽采泵站。

（5）抽采瓦斯泵及附属设备应采用一用一备的运行方式。

（6）抽采瓦斯泵司机必须经过培训，取得安全技术工种操作资格证后，持证上岗。

（7）水环式真空泵适用于抽出量较小、管路较长的矿井。

（8）采空区抽放前应加固密闭墙，以减少漏风。

（9）未经批准，任何人不得私自停开抽采设备，不得私自调整抽采系统的抽采负压。

（10）抽出的瓦斯排入回风巷时，在抽放瓦斯管路口必须设置栅栏，悬挂警戒牌等。

思 考 题

1. 瓦斯抽采的目的是什么？
2. 瓦斯泵站怎样抽采瓦斯？
3. 地面瓦斯抽采泵站应遵守哪些规定？

1.8 压 风 机 房

1.8.1 空气压缩设备

压风机房安装有空气压缩设备。压风机房主要设备有空气压缩机、风包、电气控制装置，如图 1-78～图 1-81 所示。矿山空气压缩设备产生压缩空气，和地面及井下输气管道一起，形成矿井压风系统。

图 1-78　压风机房

煤矿中广泛使用着各种由压缩空气驱动的机械及工具，如采掘工作面的气动凿岩机、气动装岩机，凿井使用的气动抓岩机，地面使用的空气锤等。矿井压风系统为这些气动机械和工具提供压缩空气。

为了保证井下人员安全，利用压风管路设置压风自救系统。在矿山发生灾变时，压风

图 1-79　空压机

图 1-80　风包

图 1-81　电气控制装置

系统即为自救系统，空气压缩设备为井下自救装置提供新鲜风流。

　　矿山空气压缩设备包括空气压缩机（简称空压机）、电动机及电控设备、辅助设备（包括空气过滤器、风包、冷却水循环系统、润滑装置、安全保护装置等）。

　　空气过滤器在空气通过时将空气中的尘埃和机械杂质清除，清洁的空气进入空压机进行压缩，压缩到一定的压力后排入风包。风包是一个储气器，除能储存压缩空气外，还能消除空压机排送出来的气体压力的波动，并能将压缩空气中所含的油分和水分分离出来。从风包出来的压缩气体沿管路送到井下供风动工具使用或送到其他使用压缩气体的场所。

1.8.2 空气压缩机相关知识

空气压缩机是专为煤矿井下采掘工作面的气动凿岩机、气动装岩机，凿井使用的气动抓岩机，上、下井口推车机，主井箕斗卸载，机修厂使用的空气锤提供压缩空气的整套设备。同时也为从事井下作业的人员提供了压风自救的风源。

空压机按工作原理可分为容积型和速度型两种。容积型空压机是利用减少空气体积，提高单位体积内气体的质量，来提高气体的压力的；速度型空压机是利用增加空气质点的速度，提高气体的压力的。容积型空压机又分为活塞式、螺杆式、滑片式三种；速度型又可分为离心式和轴流式两种。其中，活塞式空压机（又称往复式空压机）在矿山得到了广泛应用。

空气压缩机按压缩次数分为单级空气机、两级空气机、多级空气机。按气缸内作用次数分为单动式空压机和复动式空压机。

为了确保空气压缩机安全、正常、可靠的运行，空气压缩机必须有压力表和安全阀。安全阀必须每月试验一次，保证其动作灵活可靠。各部位安全阀必须每年校验一次，检查和校验结果签字存档。压力表必须定期校准。安全阀和压力调节器必须动作可靠，安全阀动作压力不得超过额定压力的1.1倍。使用有润滑的空气压缩机必须装设断油保护装置或断油信号显示装置。

空气压缩机的风包在地面应设在室外阴凉处，在井下应设在空气流畅的地方。风包上必须装有动作可靠的安全阀和放水阀，并有检查孔。必须定期清除风包内的油垢。风包内的空气温度高于120℃时，超温保护装置应自动地切断电源，停止空气压缩机工作并报警。

1.8.3 相关安全规定

（1）空气压缩机设有压力表和安全阀，压力表和安全阀应当定期校准。安全阀和压力调节器应当动作可靠，安全阀动作压力不得超过额定压力的1.1倍。

（2）使用闪点不低于215℃的压缩机油。

（3）使用油润滑的空气压缩机必须装设断油保护装置或者断油信号显示装置。水冷式空气压缩机必须装设断水保护装置或者断水信号显示装置。

（4）储气罐上装有动作可靠的安全阀和放水阀，并有检查孔。定期清除风包内的油垢。

（5）新安装或者检修后的储气罐，应当用1.5倍空气压缩机工作压力做水压试验。

（6）在储气罐出口管路上必须加装释压阀，其口径不得小于出风管的直径，释放压力应当为空气压缩机最高工作压力的1.25~1.4倍。

（7）避免阳光直晒地面空气压缩机站的储气罐。

（8）螺杆式空气压缩机的排气温度不得超过120℃，离心式空气压缩机的排气温度不得超过130℃。必须装设温度保护装置，在超温时能自动切断电源并报警。

（9）储气罐内的温度应当保持在120℃以下，并装有超温保护装置，在超温时能自动切断电源并报警。

思　考　题

1. 矿井压风系统的作用是什么?
2. 压风机房主要设备是什么?
3. 简述空压机的分类方法。
4. 压风机房应该遵守哪些安全规定?

1.9　注浆注氮机房

1.9.1　注浆注氮设备及防灭火

　　注浆防灭火是在地表以黏土等为材料配置一定浓度的浆液通过输浆管路注入到井下着火区域达到防灭火目的。注氮防灭火是在地表制造氮气通过输氮管路注入到井下着火区域达到防灭火目的。

　　注浆注氮机房装有制浆、注浆设备和制氮、注氮设备,如图 1-82~图 1-85 所示。

图 1-82　注浆注氮机房

图 1-83　制浆设备

　　煤矿井下发生火灾时,从地面将浆液或氮气注入井下进行灭火,如图 1-86~图 1-88 所示。另外,可以将浆液或氮气提前注入到井下火灾隐患区进行防火,如图 1-89 所示。

图 1-84　注浆设备

图 1-85　制氮设备

图 1-86　从地面将浆液或氮气注入井下

图 1-87　从副井注入

图 1-88　注入灭火

图 1-89　提前注入防火

1.9.2　相关管理规定

（1）地面制氮机房必须悬挂便携式瓦斯氧气两用仪报警仪，随时监测机房氧气变化情况。若发现氧气浓度低于 18% 时，立即撤离机房所有人员，同时及时汇报，关停制氮机，停止向采空区注氮。只有当氧气浓度大于 18% 后，方可恢复作业。

（2）制氮机司机每小时必须检查一次流量、压力、浓度和注氮量等参数。

（3）井下注氮管路及安装时必须保证管路、三通阀门连接严密不漏气，管路沿棚梁吊挂平直稳缓并与供电线路分开，使用过程中注意维护、维修。

（4）每天必须安排专人到注氮地点观测检查，观测人员必须携带便携式瓦斯氧气两用仪和一氧化碳报警仪。观测检查时，必须将仪器悬挂在观测地点棚梁下方，检查管路、阀门完好和注氮地点各种有害气体情况，发现异常情况立即向相关部门汇报。

（5）定期监督检查地面永久灌浆站、山顶移动灌浆站及管路系统、灌浆立孔、井下永久灌浆管路系统及灌浆地点、灌浆情况、灌浆效果，及时解决存在的问题，确保系统有效使用。

思　考　题

1. 什么是注浆灭火？

2. 什么是注氮灭火？
3. 注浆注氮机房安装有哪些设备？
4. 简述注浆注氮机房的相关管理规定。

1.10 选 煤 厂

1.10.1 选煤方法

从矿井中开采出来的煤炭叫原煤，原煤在开采过程中混入了许多杂质，而且煤炭的品质也不同，内在灰分小和内在灰分大的煤混杂在一起。选煤就是利用机械加工方法或化学处理方法，清除原煤中的有害杂质，回收伴生矿物，改善煤的质量，为不同用户提供质量合适的煤炭产品及伴生矿物产品。

原煤中的有害杂质有灰分、硫分、水分、磷分及其他少量矿物质。此外，在某些煤矿中含有少量稀有金属如锗、钒和放射性铀等伴生矿物。

灰分分内在灰分和外在灰分。在成煤时期形成并与煤致密地结合在一起的灰分叫内在灰分，在采煤过程中混入的顶、底板及夹矸层的矸石称为外在灰分。

硫分分有机硫和无机硫两种。无机硫又分为硫酸盐硫和黄铁矿硫。黄铁矿硫由于存在的形式不同，可分为细粒浸染状、结核状和浸染、结核混合状三种。

水分分内在水分和外在水分两种。内在水分是吸附在煤炭孔隙中的水分，需要热力加温才能蒸发掉，外在水分是附着在煤炭表面上的水分。

选煤一般只能清除原煤中的外在灰分、结核状及浸染、结核混合状的黄铁矿硫分和外在水分。

针对原煤可选性的难易程度，选煤厂常用的选煤方法有跳汰、重介旋流器、重介浅槽、动筛跳汰、浮选等。其他选煤方法还有风选、螺旋分选等。

（1）重介选煤。通常将密度大于水的介质称为重介质。在密度大于水并介于煤和矸石之间的重悬浮液作介质实现分选的重力选煤方法称为重介质选煤，实现重介分选的设备叫重介分选机。重悬浮液是由加重质（高密度固体微粒）与水配制成具有一定密度呈悬浮状态的两相流体，当原煤给入充满这种悬浮液的分选机后，小于悬浮液密度的煤上浮，大于悬浮液密度的矸石（或中煤）下沉，实现按密度分选。

（2）跳汰选煤。跳汰选煤指物料在垂直上升的变速介质流中，按密度差异进行分选的过程。跳汰时所用的介质可以是水，也可以是空气。以水作为分选介质时，称为水力跳汰；以空气为分选介质时，称为风力跳汰。生产中以水力跳汰应用最多。

实现跳汰过程的设备叫跳汰机。被选物料给到跳汰机筛板上，形成一个密集的物料层，这个密集的物料层称为床层。在给料的同时，从跳汰机下部透过筛板周期地给入一个上下交变水流，物料在水流的作用下进行分选。首先，在上升水流的作用下，床层逐渐松散，悬浮，这时床层中的矿粒按照其本身的特性（矿粒的密度、粒度和形状）彼此做相对运动进行分层。上升水流结束后，在休止期间（停止给入压缩空气）以及下降水流期间，床层逐渐紧密，并继续进行分层。待全部矿粒都沉降到筛面上以后，床层又恢复了紧密状态，这时大部分矿粒彼此间已丧失了相对运动的可能性，分层作用几乎全部停止。只有那些极细的矿粒，尚可以穿过床层的缝隙继续向下运动并继续分层。下降水流结束后，分层暂告终止，至此完成了一个跳汰周期的分层过程。物料在每个周期中，都只能受到一定的分选作用，经过多次重复后，分层逐渐完善。最后密度低的矿粒集中在最上层，密度高的矿粒集中在最底层。

（3）浮游选煤。浮游选煤简称浮选，是根据煤和矿物杂质表面湿润性的差别，在浮选剂的作用下，分选煤泥的一种方法。选煤厂通常把粒度小于 0.5mm 的湿煤称为煤泥。煤泥的来源有：一为入选原煤中所含，即开采运输过程中产生的，称为原生煤泥；一为选煤过程中粉碎和泥化产生的，称为次生煤泥。浮游选煤是在气–液–固三相体系中进行的一种物理化学分选过程。煤的表面呈疏水性，矿物杂质表面多呈亲水性，因此，疏水的煤粒容易和分散在水中的微小的油珠和气泡发生附着，形成矿化气泡。这种矿化气泡升浮到水面，集聚成矿化泡沫层，经刮出脱水后即为精煤。亲水的矿粒下沉遗留水中作为尾矿排出。浮选药剂是实现浮选过程的重要手段，有气泡剂、捕收剂等。用于浮选的设备叫浮选机。

（4）其他选煤方法，包括选煤槽选煤、斜槽选煤、摇床选煤、介质流旋流器选煤、滚筒选煤机选煤、螺旋分选机选煤、磁选、风力选煤等。

1.10.2　选煤厂

选煤厂是对煤炭进行分选，除去原煤中的矿物杂质，将原煤加工成一定质量的品种煤的煤炭加工厂，如图 1-90 所示。主要产品是精煤和块煤，此外还有中煤和煤泥、矸石等副产品。

图 1-90　洗煤厂

原煤经过洗煤，降低了灰分、硫分，去掉了一些杂质，变为适应专门用途的优质煤，即为精煤。中煤是从原煤中分离出来的煤矸石和精煤的混合物，是原煤洗煤中灰分值介于精煤和矸石之间的混合物，其基本特点是灰分高、非可燃体相对于原煤来说含量高，但其中也含有一定量的可燃体。

主要设备有重介旋流器、浮选机、离心机、原煤分级筛、加压过滤机、磁选机、清水泵、浅槽刮板机等，如图 1-91~图 1-93 所示。

图 1-91 洗煤车间

图 1-92 煤炭洗选

图 1-93 洗选设备

1.10.3 选煤主要生产工艺

选煤主要生产工艺包括以下几个环节:

（1）原煤准备，包括原煤的接受、储存、破碎和筛分。不同的选煤方法适用于不同粒度级别的煤的选别，煤与有害杂质必须达到单体解离才能有效地分选，因此，煤在进入洗选过程之前，必须将不同的煤破碎到不同的粒度。

在带孔的筛面上使煤粒按照粒度大小进行分级作业称为筛分，使块煤分裂成更小颗粒的过程称为破碎。筛分所用的机器和装置称为筛分机，常用的有简单惯性振动筛、自定中心振动筛、共振筛等。破碎所用的机器和装置称为破碎机，常用的有颚式破碎机、齿辊破碎机、冲击式破碎机等。

（2）原煤的分选。选煤工艺一般有跳汰-浮选联合流程、重介-浮选联合流程、跳汰-重介-浮选联合流程、块煤重介-末煤重介旋流器分选流程。此外还有单跳汰和单重介流程等。

（3）产品脱水，包括块煤、末煤、精煤、煤泥脱水。绝大多数选煤厂分选过程是在水中进行的，为此，选煤产品在出厂前需要进行脱水，以满足用户和运输要求。粗颗粒物料脱水设备有脱水筛和离心泵脱水机，细颗粒物料脱水设备有沉降式离心脱水机、真空过滤机、压滤机等。

（4）产品干燥。虽经机械脱水，但选后精煤含水仍然较高。精煤水分高，对产品的质量、运输和贮存都是不利的，因此，往往需要热力干燥方法进一步脱水。常用的干燥设备有滚筒干燥机、管式干燥机和沸腾床层干燥机等。

（5）煤泥水处理。煤泥水是湿法选煤所产生的工业尾水，其中含有大量的煤泥颗粒，是煤矿的主要污染源之一。煤泥水处理是一个固、液分离和固、液回收的过程，因煤泥水体系的复杂性和多样性，煤泥水处理方法、处理效果各不相同。常见的煤泥水处理方法主要有自然沉淀法、重力浓缩沉淀法和混凝沉淀法。

1.10.4　煤炭洗选的意义

（1）提高产品质量，满足市场需求。经过洗选，把低质煤炭加工分选成精煤、中煤、煤泥等产品，优化产品结构，满足市场不同需求，提高产品竞争能力。

（2）减少燃煤污染物排放，有利大气环境保护。煤炭洗选可脱除煤中 50%～80% 的灰分、30%～40% 的全硫（或 60%～80% 的无机硫）。燃用洗选煤可有效减少烟尘、SO_2 和 NO_x 的排放。

（3）提高煤炭利用效率，节约能源。煤炭质量提高，将显著提高煤炭利用效率。炼焦煤的灰分降低将降低炼铁的焦炭耗量、提高炼铁高炉的利用系数。合成氨生产使用洗选的无烟煤可显著节煤。发电用煤灰分降低将显著增加发热量、降低每度电的标准煤耗。工业锅炉和窑炉燃用洗选煤，可显著提高热效率。

（4）减少运力浪费。由于我国的产煤区多远离用煤多的经济发达地区，煤炭的运量大，运距长。煤炭经过洗选，去除大量杂质，可显著节省运力。

思 考 题

1. 煤炭洗选的意义是什么？
2. 常用选煤方法有哪些？
3. 选煤厂的主要生产工艺包括哪几个环节？

1.11 调 度 室

1.11.1 调度指挥

煤矿调度室（调度指挥中心）属于安全生产综合管理部门，是煤矿安全生产的信息中枢，安全生产管理指挥的"中心"。调度工作的三大任务是掌握矿井安全生产状况、指挥生产各系统正常运行、组织和协调生产准备工作。调度的三大功能是统计分析、调度指挥、监督管理。

调度室是一个统一指挥和组织协调的工作机构，把煤矿各业务部门、各生产环节组织和协调起来，综合平衡，及时地反应和克服生产中的矛盾和薄弱环节，使生产管理得到充分发挥，使整个生产过程均衡并有节奏地进行，如图 1-94 和图 1-95 所示。

图 1-94　调度室

图 1-95　调度室内部场景

调度台是调度值班人员办公的地方。调度台上包括调度通信系统、管理系统、监测系统、综合自动化系统等电脑终端、调度值班人员工作台等，如图 1-96 所示。调度通信系统可以与井上井下所有办公室直连通话，方便进行生产组织指挥和调度，可以进行调度电话会议、集中调度指挥、通话记录等。

调度员每班填报调度台账，建立完整的原始记录，并对调度资料进行定期归档，如图 1-97 所示。安全监测、人员定位、视频监控、综合自动化系统等都汇集在调度室，出现故障、报警可第一时间发现，启动应急。调度管理系统可以实现调度业务的数字化管理，包括调度会报表材料的汇总生成、值班带班管理、调度台账填报、调度资料上报，应急启动辅助等，如图 1-98 和图 1-99 所示。

图 1-96　调度指挥

图 1-97　调度员填报台账

图 1-98　人员定位、安全监测

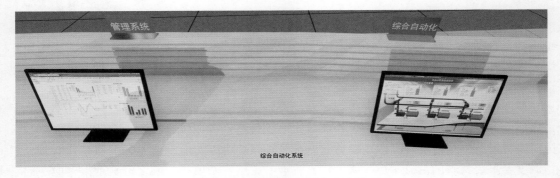

图 1-99　管理系统和综合自动化

调度大屏主要对调度各类业务进行综合展示，包括值、带班情况，各类监测系统、工业视频、综合自动化以及相应的管理系统，如图1-100所示。

图 1-100　调度大屏

调度会议室是调度室召开调度早会、生产会、调度晚会等各类会议的地方，如图1-101所示。调度机房主要是调度室相关设备的硬件机房，大屏机相关多媒体设备在这里进行控制，如图1-102所示。

图 1-101　调度会议室

图 1-102　调度机房

1.11.2 调度室主要设备

（1）调度通信应与上一级调度总机、矿区专网、市话公网通过环路中继或数字中继等方式联网。调度电话进行分模块化设置，应具有汇接、转接、录音、放音、扩音、群呼、组呼、强插、强拆以及同时发起多组电话会议等调度功能。电话录音保存时间不少于一个季度。

（2）调度室应配备性能先进、运行稳定的计算机、传真机、打印机，并放在调度台，用于随时接收、传送文件或打印文件，处理各类生产统计报表，存储数据和信息等调度业务。

（3）配备总面积不少于 $6m^2$ 的大屏幕拼接显示系统，显示生产过程动态监测监控信息及各类图表。应保证画面清晰连贯，能够 24h 连续运行。

（4）调度室必须实现双回路供电，配备备用电源。备用电源应与调度总机、传真机、打印机、计算机、应急照明等调度室相关设备相连，保证上述用电设备在常规供电中断时仍能正常使用 6h 以上。

1.11.3 调度管理

（1）调度管理制度：包括各类人员岗位责任制、调度值班制度、调度交接班制度、调度逐级汇报制度、安全事故汇报制度、调度员下井（下基层）管理制度、调度会议管理制度、调度资料保存管理制度、调度质量标准化管理（验收）制度、业务保安制度、调度业务学习制度、监测监控系统报警信息处理制度等。要求各项管理制度齐全、内容具体、责任明确，并装订成册。应备有矿井灾害预防和处理计划、应急救援预案、《煤矿安全规程》等法规、文件。

（2）管理图表：调度室应备有矿井地质和水文地质图，井上、下对照图，采掘工程平面图，通风系统图，井下运输系统图，监测监控装备布置图，排水、防尘、防火注浆、压风、充填、抽放瓦斯等管路系统图，井下通信系统图，井上、下配电系统图和井下电气设备布置图，井下避灾路线图，六大系统布置图等。应有事故报告程序图（表），应急电话表，领导值、带班表，通信录，采掘衔接计划表，领导下井带班统计表。图表必须及时填绘和修订，与实际情况相符，图表必须归档管理。

（3）管理台账：主要包括综合台账、统计台账和各种记录簿（调度综合记录、领导值班记录、调度员交接班记录、安全生产会议记录、调度业务会议记录、人员伤亡事故记录、非伤亡事故记录等）。

思 考 题

1. 调度的主要任务是什么？
2. 调度室的主要功能是什么？
3. 简述调度管理的主要内容。

2 开 拓 方 式

本章提要： 介绍矿井开拓基本概念，可视化展示立井开拓、斜井开拓、综合开拓、平硐开拓、多井筒分区域开拓方式的开拓形式、井筒配置、主井和副井地面布置及提升系统、井下巷道布置方式、适用条件及优缺点等。

关键词： 矿井开拓；立井开拓；斜井开拓；综合开拓；平硐开拓；多井筒分区域开拓

2.1 矿 井 开 拓

2.1.1 井田

面积很大和储量丰富的煤田，一般均要划分为若干较小的部分，每一个部分由一个矿井开采。在采矿工程中，通常是把按地质条件和开采技术水平划定的由一个矿井开采的范围称为井田。

煤田划分为井田时应保证各井田均有合理的尺寸和境界，使煤田各部分都能得到合理开发。应根据地质构造、储量、水文地质条件、煤层赋存状态、煤质分布规律、开采技术条件、矿井生产能力和开拓方式，并结合地貌地物等因素，进行技术经济比较后加以确定。

通常用井田走向长度、倾斜长度和井田面积来表达井田的尺寸。井田走向长度，是指井田沿煤层走向或主要延伸方向的长度，是表征矿井开采范围的重要参数。井田倾斜长度，是指井田沿煤层倾向的水平宽度，是表征矿井开采深度的参数，与之对应的还有井田上下边界的垂直高度和开采煤层的倾斜长度。井田面积与设计生产能力相关，我国煤矿井田面积一般为数平方千米至数十平方千米，小煤矿的井田面积多小于 $1km^2$。

2.1.2 井型

矿井设计生产能力，是指矿井设计中规定的单位时间采出的煤炭数量，一般以"Mt/a"表示。

矿井设计服务年限，是指矿井设计时按矿井设计可采储量、设计生产能力并考虑储量备用系数所计算出的矿井设计开采年限，简称矿井服务年限。

矿井井型，是指根据矿井设计生产能力不同而划分的矿井类型。我国煤矿划分为大、中、小三种井型。

（1）大型矿井，设计生产能力为 1.2Mt/a、1.5Mt/a、1.8Mt/a、2.4Mt/a、3.0Mt/a、

4.0Mt/a、5.0Mt/a、6.0Mt/a 及以上。

（2）中型矿井，设计生产能力为 0.45Mt/a、0.6Mt/a、0.9Mt/a。

（3）小型矿井，设计生产能力为 0.3Mt/a 及以下。

为了保证矿井建设、生产和设备选择标准化、系列化，新建矿井不应该出现介于两种设计生产能力中间的类型。

2.1.3　井田划分为阶段和水平

为了有计划、按顺序地开采井田内煤炭，还需要将井田划分为阶段和水平，进一步划分为适合开采的较小部分。

在井田范围内，沿煤层的倾斜方向，按一定标高把煤层划分若干平行于走向的长条部分，每个长条部分具有独立的生产系统，称为一个阶段。井田的走向长度即为阶段的走向长度，阶段上部边界与下部边界的垂直距离称为阶段垂高，阶段的倾斜长度为阶段斜长。

每个阶段有独立运输和通风系统，如在阶段的下部边界开掘阶段运输大巷（兼作进风巷），在阶段上部边界开掘阶段回风大巷，为整个阶段服务。上一阶段采完后，该阶段的运输大巷作为下一阶段的回风大巷。

阶段运输大巷及井底车场所在的水平位置及服务的开采范围，称为开采水平，简称水平，水平常用标高表示。

阶段与水平的区别在于，阶段表示井田范围的一部分，水平是指布置大巷的某一标高的水平面和所服务的相应阶段。

2.1.4　阶段内的再划分

井田划分为阶段后，通常需要再划分，适应布置工作面进行开采的技术要求。

（1）采区式划分。在阶段内沿煤层走向把阶段划分为若干具有独立生产系统的开采块段，每一开采块段称为一个采区。沿煤层走向布置，沿走向向前推进的采煤工作面，称为走向长壁工作面，相应的采煤法称为走向长壁采煤法。

（2）带区式划分。在阶段内沿煤层走向划分为若干个具有独立生产系统的带区，带区内又划分为若干个倾斜分带，分带相当于采区内的区段旋转了 90°，每个分带布置一个采煤工作面。分带内，采煤工作面沿煤层倾向（仰斜或俯斜）推进，即由阶段的下部边界向上部边界或者由阶段的上部边界向下部边界推进。一个带区一般由 2~5 个分带组成。沿煤层走向布置，沿煤层倾向方向推进的采煤工作面，称为倾斜长壁工作面，相应的采煤法称为倾斜长壁采煤法。

2.1.5　井田直接划分为盘区、带区或分带

开采倾角很小的近水平煤层，井田沿倾向的高差很小，很难以标高为界划分为若干阶段。通常，沿煤层的延展方向布置大巷，在大巷两侧将煤层划分为具有独立生产系统的块段，这样的块段称为盘区，盘区内巷道布置方式及生产系统与采区基本相同。若划分为带区，则与阶段内的带区式基本相同。

2.1.6 矿井井巷

为开采煤炭，需要在地下开掘各种巷道和硐室。

（1）立井。立井是指在地层中开凿的直通地面的直立巷道，又称竖井。专门或主要用于提升煤炭的立井称为主立井。主要用于提升矸石、下放设备和材料、升降人员等辅助提升任务的立井称为副立井。生产中还经常会开掘一些专门或主要用于通风、排水、充填等工作的立井。

（2）暗立井。暗立井是指不与地面直通的直立巷道，其用途同立井。

（3）溜井。溜井是一种专门用于由高到低溜放煤炭的暗立井，一般不装备提升设备。高度不大、直径较小的溜井，称为溜煤眼。

（4）平硐。平硐是指在地层中开掘的直通地面的水平巷道，其作用类似于立井，有主平硐、副平硐、排水平硐、通风平硐等。

（5）平巷。平巷是指在地层中开掘的、不直通地面、其长轴方向与煤层走向大致平行的水平巷道。为开采水平或阶段服务的平巷常称为大巷，如运输大巷、回风大巷等。为区段服务的平巷称为区段平巷，分区段运输平巷和区段回风平巷。

（6）石门。石门是指在岩层中开掘的、不直通地面、与煤层走向垂直或较大角度斜交的岩石平巷。为开采水平服务的石门，称为主石门或阶段石门。为采区服务的石门，称为采区石门。

（7）煤门。煤门是指在厚煤层中开掘的、不直通地面、与煤层走向垂直或较大角度斜交的平巷。

（8）斜井。斜井是指地层中开掘的直通地面的倾斜巷道，分主斜井和副斜井，其作用与立井和平硐相同。不与地面直接相通的斜井，称为暗斜井，其作用与暗立井相同。

（9）上山和下山。上山是指位于开采水平以上、为本水平或采区服务的主要倾斜巷道。下山是指位于开采水平以下、为本水平或采区服务的主要倾斜巷道。运煤的上下山称为运输上下山，其煤炭运输方向分别由上向下或由下向上运至开采水平大巷。铺设轨道的上下山称为轨道上下山。专门用于通风、行人的上下山称为通风、行人上下山。

（10）硐室。硐室是指具有专门用途、在井下开掘和建造的断面较大且长度较短的空间构筑物，如绞车房、水泵房、变电所和煤仓等。

2.1.7 井田开拓

在划定的井田范围内，为了采煤，需从地面向地下开掘一系列井巷进入煤层，建立矿井的提升、运输、通风、排水、动力供应及监控等系统。这种由地表进入煤层为开采水平服务所进行的井巷布置和开掘工程，称为井田开拓。一般而言，开拓巷道是为全矿井、一个开采水平或者若干采区服务的巷道，其服务年限较长，一般在 $10\sim30a$ 或以上，如主副井、主运输石门、阶段运输大巷、阶段回风大巷、风井等。用于开拓的井下巷道的形式、数目、位置及其相互联系和配合称为开拓系统。在已定的井田地质、地形及开采技术条件下，开拓巷道可有多种布置方式。

开拓巷道在井田内的总体布置称为井田开拓方式，由于各井田的范围、煤层的赋存状态以及井田内地质、地形等条件不同，造成进入矿体的方式、井田及阶段的划分方式等各不相同。进入矿体的方式（即井硐形式，如立井、斜井、平硐等），井田再划分方式（如单水平、多水平、盘区等），阶段内的布置（如分区、分段、分带等）决定了井田开拓巷道的总体布置，因此，以这些综合特征，如"立井-多水平-分区式""斜井-单水平-分带式"等表示井田开拓方式。同时，由于进入矿体方式在矿井开拓中的突出位置，同一种井硐形式，其井田和阶段的划分可以不同，所以，通常主要以井硐形式为依据，把井田开拓方式分成平硐开拓、斜井开拓、立井开拓、综合开拓以及多井筒分区域开拓等开拓方式。

思 考 题

1. 试述井田、井型、阶段、水平的基本概念。
2. 什么是阶段采区式划分和带区式划分？
3. 简述井田直接划分为盘区、带区或分带的基本概念。
4. 试述矿井井巷的基本概念。
5. 简述井田开拓的基本概念。

2.2　立井开拓

2.2.1　井筒配置

为全矿井、一个水平或若干个采区服务的巷道称为开拓巷道。主井、副井均采用立井的开拓方式，称为立井开拓，如图2-1所示。采用立井开拓时，一般在井田中部开凿一对圆形断面的立井，装备两个井筒，井筒断面根据提升容器类型、数量、外形尺寸、井筒内装备和通风要求确定，按技术标准化要求，井筒断面直径按0.5m进级，直径6.5m以上的井筒和采用钻井法、沉井法施工的井筒可不受此限制。立井开拓也有多个主井或副井的情况。

图2-1　主副井地面布置

2.2.1.1　主立井

主立井是提升煤炭的立井，大中型矿井的主立井可装备一对或两对箕斗，小型矿井的主立井可装备一对罐笼，如图2-2所示。

图 2-2　主立井地面布置

2.2.1.2　副立井

副立井是担任提升矸石、下放物料、升降人员等任务的立井。在井筒中装备罐笼、铺设管道和电缆并装设梯子间。副立井一般多为进风井，如图 2-3 所示。

图 2-3　副立井井架地面布置

2.2.1.3　混合提升井

混合提升井是兼有主副井功能的立井。

2.2.2　基本形式和优缺点

根据井田斜长或垂高、煤层倾角、可采煤层数目和层间距等条件不同，立井开拓可分为单水平开拓和多水平分区式开拓两大类。水平内可以采用采区式、盘区式或带区式准备。单水平开拓一般使用一段运输设备完成上山阶段和下山阶段的运输任务。当局部斜长过大时，可用两段运输设备或设辅助水平解决。

立井开拓的优点是井筒长度短、提升速度快、提升能力大及管线敷设短、通风阻力小、维护容易，如图 2-4~图 2-6 所示。此外，立井对地质条件适应性强，不受煤层倾角、厚度、瓦斯等条件限制。

立井开拓的缺点主要有井筒掘进施工技术要求高、开凿井筒所需设备和井筒装备复杂、井筒掘进速度慢、基建投资大等。

图 2-4　立井开拓

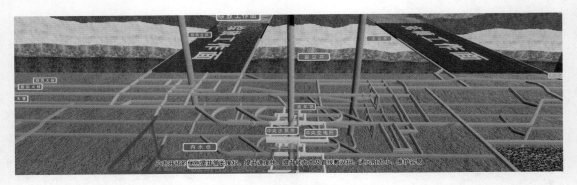

图 2-5　提升速度快

图 2-6　地质条件适应性强

2.2.3　立井单水平开拓实例

　　虚拟矿井采用立井单水平开拓方式,在井田中部开掘主、副立井后开掘井底车场和主石门,如图 2-7 和图 2-8 所示。在煤层底板岩层中开掘主要运输大巷并向井田两翼延伸,如图 2-9 所示。当运输大巷掘至各采区下部边界中部时开掘采区运输石门,在开掘的各井巷内安装相应的设备,形成生产系统,如综采工作面、柱式开采、综放工作面、充填工作面、综掘工作面,如图 2-10~图 2-16 所示。

图 2-7 采用立井单水平开拓方式

图 2-8 井底车场

图 2-9 运输大巷两翼延伸

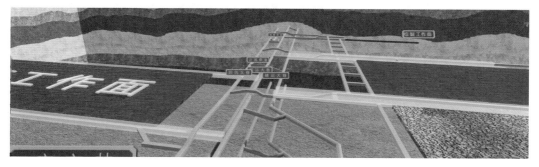

图 2-10 开掘采区运输石门

图 2-11　安装设备，形成生产系统

图 2-12　综采工作面

图 2-13　柱式开采

图 2-14　综放工作面

图 2-15　充填工作面

图 2-16　综掘工作面

思 考 题

1. 简述立井开拓方式的基本特征、类型、井筒配置和适用条件。
2. 简述立井开拓方式的优、缺点。

2.3　斜 井 开 拓

2.3.1　斜井开拓布置形式

如果井田内煤层埋藏浅表土层薄，水文地质条件简单，一般采用斜井开拓。主井、副井均采用斜井的开拓方式，称为斜井开拓，如图 2-17~图 2-22 所示。斜井开拓的常用形式有斜井多水平开拓方式、斜井单水平采区式开拓方式、斜井单水平带区式开拓方式和片盘斜井开拓。

主斜井担负煤炭提升任务，趋势是装备胶带输送机。有些中型的主斜井采用箕斗提升。小型矿井的主斜井也可以采用单钩或双钩串车提升。副斜井兼具辅助提升、敷设管缆等功能。副斜井绝大多数采用串车提升。大型矿井采用双钩串车提升。

图 2-17　主、副井均采用斜井

图 2-18　斜井单水平开拓

图 2-19　主斜井提升煤炭

图 2-20   装备胶带输送机

图 2-21   中型矿井可采用箕斗提升

图 2-22   大型矿井采用双钩串车提升

采用斜井开拓时，一般开掘的井筒数目较多。新建矿井一般在井田走向中部开凿一对斜井作为主井和副井。新建的特大型或大型矿井根据需要可以开掘两个副斜井，用斜井开拓的生产矿井，随生产发展和开采向深部扩展，可以增开副斜井或主斜井。

井筒沿煤层掘进的斜井称煤层斜井，沿岩层掘进的斜井称岩层斜井。斜井井筒的倾角与选用的提升设备相适应，当采用箕斗提升时，斜井井筒倾角不大于 35°；采用串车提升时，斜井倾角不大于 25°；当采用胶带式输送机提升时，斜井倾角不大于 17°。

2.3.2　斜井形式分类

（1）煤层斜井。斜井沿煤层开掘，施工容易、速度快、投资少，如图 2-23 所示。但当煤层较厚、煤质松软、构造复杂及煤层有自燃倾向时，不宜沿煤层布置。此外，煤层斜井需要留设井筒保护煤柱，资源浪费大。

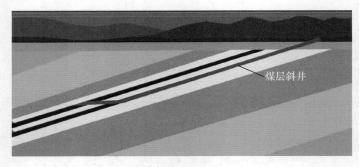

图 2-23　煤层斜井

（2）底板斜井。为了避免煤层斜井问题，可以将井筒布置在煤层底板中，如图 2-24 所示。但当煤层倾角小于井筒倾角时，石门工程量太大。底板斜井的优点是井筒易维护，不需保护煤柱。

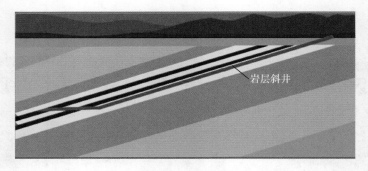

图 2-24　岩层斜井

（3）穿层斜井。当煤层倾角小于井筒倾角时，为了减少水平石门工程量或避免受地面因素影响，斜井可穿越煤层布置。

（4）反斜井。当煤层赋存不深、倾角不大、井田沿倾斜方向尺寸小、因实施技术和装备条件等原因不便采用立井、受井上下条件限制又无法布置与煤层倾角方向一致的斜井时，可以采用反斜井，反斜井的井筒倾斜方向与煤层倾斜方向相反。

思 考 题

1. 简述斜井开拓方式的基本特征、类型、井筒配置和适用条件。
2. 简述斜井开拓方式的优、缺点。
3. 斜井开拓提升装备有哪些?
4. 简述斜井的形式分类。

2.4 平硐开拓

2.4.1 平硐开拓基本概念

平硐是服务于地下开采,在地层中开掘的直通地面的水平巷道。利用直通地面的水平巷道进入地下煤层的开拓方式,称为平硐开拓,图 2-25 为采用平硐开拓的矿井。平硐主要是用来运输煤炭、上下人员,搬运材料设备和通风排水。其中平硐可分为主平硐和副平硐,主平硐运输煤炭,副平硐运送人员、材料等。平硐开拓的主要形式有垂直煤层走向的平硐开拓、走向平硐开拓和阶梯平硐开拓。图 2-26~图 2-30 为平硐开拓场景。

图 2-25 平硐开拓的矿井

在底层中掘拓的直通地面的水平巷道

图 2-26 地面开拓平硐

图 2-27　直通地面的水平巷道进入地下煤层

图 2-28　主平硐运输煤炭

图 2-29　副平硐运送人员、材料

图 2-30　回风井

平硐开拓的应用主要取决于煤层赋存和地形条件，其合理选择和应用应注意以下原则：

（1）应有合适的煤层赋存和地形条件，最主要的是平硐水平标高以上有足够的储量。

（2）由于平硐的运输能力大，因而一般只掘进一条主平硐，阶梯平硐的每一个阶梯（开采水平）也只布置一条主平硐。

（3）在平硐的坡度方面，一般按重车下坡和流水坡度设计平硐坡度。

（4）平硐硐口和工业场地可设在山坡下、沟谷旁、地形多属山岭或丘陵地带。

平硐开拓硐口选择要考虑的因素：

（1）硐口地势平缓，有足够的面积布置工业场地。

（2）硐口交通要便利，以利于煤炭外运和设备、材料运输。

（3）硐口要安全，不受洪水、滑坡、雪崩等威胁。

与立井和斜井相比，平硐的施工技术和装备简单、施工条件较好、掘进速度快，可加快矿井建设。井下出煤由平硐直接外运，不需要提升转载，因而运输环节少、系统简单、运输设备少、费用低，运输能力大。平硐水平以上的矿井涌水可自流排出，不用排水设备，且不需要掘水泵房、水仓等硐室。也不必开掘工程量大的井底车场和硐室，地面不建井架和绞车房，生产系统中的转载环节少、简单可靠，是最有利的井田开拓方式。

2.4.2　平硐开拓的主要形式

（1）走向平硐开拓。平行于煤层走向布置的平硐称为走向平硐，如图 2-31 所示。走向平硐是沿煤层走向开掘平硐，把煤层分为上下两个阶段，具有单翼井田开采的特点。采用走向开拓平硐开拓时，主平硐一般布置在煤层底板岩层中。当煤层为薄和中厚煤层且围岩稳定时，也可沿煤层布置，平硐沿煤层掘进施工容易，还能补充煤层的地质资料。

（2）垂直平硐开拓。垂直或斜交于煤层走向布置的平硐称为垂直或斜交平硐，如图 2-32 所示。垂直平硐与走向平硐相比较，垂直平硐具有双翼井田开拓、运输费用低、巷道维护时间短、矿井生产能力大、通风容易、便于管理等特点，有利于选择平硐口的位置。但是岩石工程量大，建井期长，初期投资大。

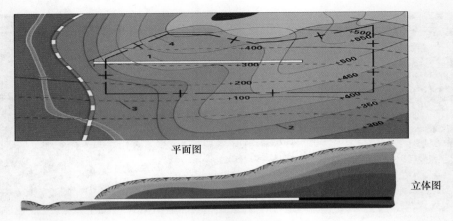

平面图

立体图

图 2-31　走向平硐开拓

图 2-32　垂直平硐开拓

　　垂直平硐开拓，先从地面垂直煤层走向掘平硐到达煤层或煤层底板，然后沿煤层或底板岩石向井田两侧掘运输大巷。

　　（3）阶梯平硐开拓。当地形高差较大，主平硐水平以上煤层垂高过大时，将主平硐水平以上煤层划分为数个阶段，每个阶段布置各自平硐开拓的方式称阶梯平硐，如图2-33

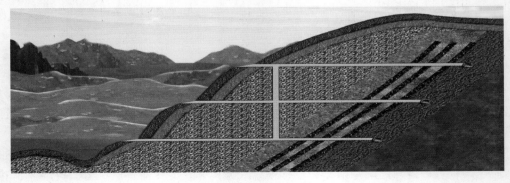

图 2-33　阶梯平硐开拓

所示。阶梯平硐开拓方式的特点是可以分期建井，分期移交生产，便于通风和运输。但地面生产系统分散，装运系统复杂，占用设备多，不易于管理。这种开拓方式适用于上山部分过长、布置辅助水平有困难、地形条件适宜、工程地质条件简单的井田。

思 考 题

1. 简述平硐开拓方式的基本特征、类型、井筒配置和适用条件。
2. 简述平硐开拓方式的优缺点。
3. 简述平硐开拓的主要形式。

2.5 综 合 开 拓

2.5.1 综合开拓基本概念

采用立井、斜井、平硐等任何两种以上的开拓方式，均属于综合开拓。

在复杂的地形、地质及开采技术条件下，采用单一的井筒形式开拓，在技术上有困难，经济上不合理。各种开拓方式均有优缺点，若将两种开拓方式的主要优点结合起来，就出现了综合开拓，即采用立井、斜井、平硐等任何两种以上的开拓方式，称为综合开拓。示例煤矿是采用主斜井副立井的综合方式开拓，如图 2-34 所示，特点是适应在复杂的地形、地质条件下开采，是属于混合开拓方式的一种，开拓场景如图 2-35 ~ 图 2-37 所示。

图 2-34　主斜井副立井开拓矿井

综合开拓的实质，是根据具体矿井开采要求，切合井田煤层赋存和开采技术的特点，充分发挥不同井硐形式的优越性，扬长避短，从而实现主、副井的优势组合。综合开拓是在矿井生产发展和开采进步的过程中形成和发展的。首先是在生产矿井改扩建中实施具体改造方案、形成新的方式，而后在新建矿井中进一步完善设计和发展。主平硐-副斜井综合开拓，一般主平硐兼具副井的大部分功能，如辅助运提、通风和行人等，采用主平硐开拓的矿井可归入平硐开拓。在特殊情况下，平硐上山部分斜长很大又有合适的地形条件

图 2-35　主斜井副立井开拓场景 1

图 2-36　主斜井副立井开拓场景 2

图 2-37　主斜井副立井开拓场景 3

时，可将平硐上山划分为若干水平，在上部水平适当位置开凿斜井以担负上部水平掘进施工的排矸任务和人员、材料的提升，起副井作用，井下出煤则经上山下山运至主平硐，由主平硐运出。也有原采用平硐开拓的矿井，按扩大井型和改扩建的需要又在适当位置新掘副斜井，以增加矿井辅助提升能力，从而形成主平硐-副斜井开拓方式。

图 2-38 是斜井平硐开拓的示例。井田内煤层为向斜构造，其中高出地面水平采用平硐开拓，另一翼低于地面水平采用斜井开拓。

图 2-38　斜井平硐开拓

2.5.2　综合开拓的主要形式

按不同井筒的组合方式，综合开拓主要形式可分为主立井-副斜井、主斜井-副立井、主平硐-副立井、主立井-副平硐、主平硐-副斜井和主斜井-副平硐开拓方式。

（1）主立井-副斜井综合开拓。主立井-副斜井综合开拓利用立井井筒短、提升速度快的优点，用立井作为主井担负提煤任务。又利用斜井施工简单、掘进快、井筒装备简单、人员上下方便和安全等优点，用斜井作副井担负辅助提升和兼作安全出口。

（2）主斜井-副立井综合开拓。主斜井-副立井综合开拓可充分发挥主辅提升能力大、系统简单、通过风量大、技术经济效果好的优点，是大型、特大型矿井比较合理的开拓方式。主要是利用斜井可采用强力带式输送机、提升能力大及井筒易于延深的优点。

（3）主平硐-副立井综合开拓。一些主平硐很长的矿井，特别是高瓦斯矿井，井下需要的风量大，长平硐通风的阻力大，难以满足矿井通风需要。地形好煤层条件适合时，可在平硐接近煤层的适当地点开凿一个立井，用井底车场与平硐连接，作进风井用，并可担负辅助提升、敷设管缆的任务。

（4）主平硐-副斜井综合开拓。一般主平硐兼具副井的大部分功能，如辅助运提、通风和行人等，采用主平硐开拓的矿井可归入平硐开拓。在特殊情况下，平硐上山部分斜长很大又有合适的地形条件时，可将平硐上山划分为若干水平，在上部水平适当位置开凿斜井以担负上部水平掘进施工的排矸任务和人员、材料的提升，起副井作用。井下出煤则经上山下山运至主平硐，由主平硐运出。原采用平硐开拓的矿井，按扩大井型和改扩建的需要又在适当位置新掘副斜井，以增加矿井辅助提升能力，从而形成主平硐-副斜井开拓方式。

思 考 题

1. 综合开拓的主要目的是什么?
2. 简述综合开拓的主要形式。

2.6 多井筒分区域开拓

2.6.1 基本概念

多井筒分区域开拓是指把大型矿井井田划分为若干个具有独立通风系统的开采区域并共用主井的井田开拓方式。多井筒分区域开拓利用主斜井或主平硐集中出煤,效率高,可解决大型矿井长距离辅助运输和通风困难问题,生产高度集中,分区可分期建井,建井速度快。一般认为,这种开拓方式适用于矿井设计生产能力为 5Mt/a 及以上、井田走向长度大于 10km、瓦斯涌出量大、通风线路长的矿井,如图 2-39~图 2-45 所示。

图 2-39 多井筒分区域开拓

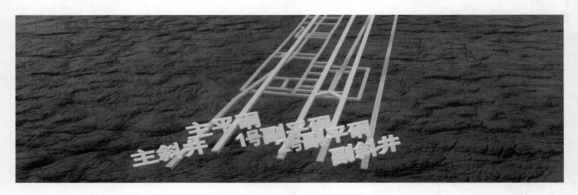

图 2-40 主、副平硐及主、副斜井

多井筒分区域开拓是随着矿井生产集中化、井型和井田面积大型化而发展形成的。将井田划分成若干分区,分区内部可采用采区式、盘区式或带区式,各分区内开凿井筒担负分区的进风和回风任务,有时还安装提升设备担负辅助提升工作,各分区出煤集中由全矿

图 2-41 采区独立通风系统

图 2-42 不同采区

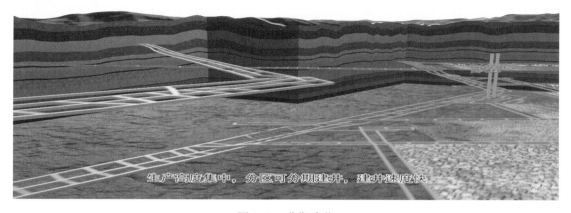

图 2-43 分期建井

图 2-44　生产能力大

图 2-45　开采范围广

井的主井运出，由此形成多井筒分区域开拓方式。另一方面，一些生产矿井由于矿井改扩建，井型和井田尺寸扩大，因而有设立分区要求，或者将相邻矿井合并也形成了多井筒分区域开拓。

多井筒分区域开拓的优点在于矿井生产更加集中，获得更好的经济效益，同时便于分期建设、加快矿井建设速度。

2.6.2　基本形式

按功能划分，多井筒分区域开拓有 3 种基本形式。

（1）集中出煤，分区通风和辅助提升。分区有完备的功能，除独立通风外还可以提升矸石、下放材料和升降人员。

（2）集中出煤，分区通风和排矸。分区内有进回风井，安装有提升设备，在实现分区独立通风的同时可由分区井筒提升矸石并就近排弃。

（3）集中出煤，分区通风。分区内有进回风井，可实现分区内独立通风。

思 考 题

1. 什么叫多井筒多区域开拓？
2. 简述多井筒多区域开拓的基本形式。

3 准 备 方 式

本章提要： 介绍采区、盘区和带区准备方式基本概念，可视化展示上（下）山采区准备方式、上（下）山盘区准备方式、带区准备方式的系统结构、巷道布置形式、生产系统及技术特点。

关键词： 上（下）山采区准备方式；上（下）山盘区准备方式；带区准备方式

为建立采区、盘区和带区完整的运输、通风、动力供应、排水、行人等生产系统，应在已有开拓巷道的基础上再开掘一系列巷道，或与回采巷道相连，或服务于整个采区、盘区和带区生产。

为准备采区、盘区或带区而开掘的主要巷道，称为准备巷道。准备巷道在一定时期为全采区、盘区或带区服务，或为数个区段或分带服务，准备巷道包括上下山、车场、区段或分带集中巷、采区石门、绞车房、变电所和煤仓等。

准备巷道的布置方式称为准备方式。准备方式要保证生产系统完善，巷道布置简单，掘进和维护工程量少，有利于集中生产、提高工作面单产和采出率，能充分发挥设备的效能，有利于工作面正常接替和保证安全。

3.1 上（下）山采区准备方式

3.1.1 采区式准备方式

上山，是指从开采水平向上，沿煤层（或岩层）开凿的为一个采区服务的倾斜巷道。将水平运输大巷设在上山阶段的下部，煤炭沿运输上山向下运输，风流上行，称为上山开采。下山，是指从开采水平向下，沿煤层（或岩层）开凿的为一个采区服务的倾斜巷道。将水平运输大巷设在下山阶段的上部，煤炭沿运输下山向上运输，风流先下行而后上行，称为下山开采。当运输水平大巷位于上山阶段的下部及下山阶段的上部，既为上山阶段服务又为下山阶段服务，称为上、下山开采。

根据采区内准备巷道特点、服务范围、开采煤层数目的不同，通常把采区分为上山采区与下山采区、单翼采区与双翼采区、单层布置采区与联合布置采区、煤层群分组集中采区联合准备方式等不同类型。

（1）上山采区与下山采区。在运输大巷的上侧布置采区巷道，采区内采出的煤下运至运输大巷的采区，称为上山采区。在运输大巷的下侧布置采区巷道，采区内采出的煤上运至运输大巷的采区，称为下山采区。一般多采用上山采区。

（2）双翼采区与单翼采区。将采区上山布置在采区的中央，向两翼前进回采或由两翼边界后退回采的采区，称为双翼采区。如采区上山布置在采区的一侧边界附近，向另一侧前进回采或由边界向上山后退回采的采区，称单翼采区。

（3）单层布置采区。一套上山为一个煤层服务的采区，称单层布置采区。

采区准备期间，开掘采区运输上山和轨道上山与阶段大巷连接。沿煤层走向方向，在每个区段下部边界的煤层中开掘区段运输平巷，在区段上部边界的煤层中开掘区段回风平巷。沿煤层倾斜方向，在采区走向边界处的煤层中开掘斜巷，连通区段运输平巷和区段回风平巷，该斜巷称为开切眼；区段运输平巷和回风平巷通过采区上山与阶段大巷连接，遂构成生产系统。

在开切眼内布置采煤设备即可采煤，开切眼是采煤工作面的始采位置。生产期间，采煤工作面沿走向向前推进。沿煤层走向布置，沿走向向前推进的采煤工作面，称为走向长壁工作面，相应的采煤法称为走向长壁采煤法。

采区上山布置在走向中部时，每个区段可以布置两个采煤工作面。

（4）联合布置采区。一套上山为几个煤层服务的采区，称为联合布置采区。单层布置是基本的准备方式，联合布置只是在开采煤层群时才用。

（5）煤层群分组集中采区联合准备方式。在煤层层间距相差较大条件下，主要按层间距大小不同将煤层群分成若干组，每个组内采用集中联合准备，而各个组由于组间距较大则不采用联合准备。由采区石门贯穿若干组煤层。

3.1.2 生产系统

在运输大巷的上侧布置采区巷道，采区内采出的煤下运至运输大巷的采区，称为上山采区，如图 3-1～图 3-3 所示。

图 3-1　在运输大巷的上侧布置采区巷道

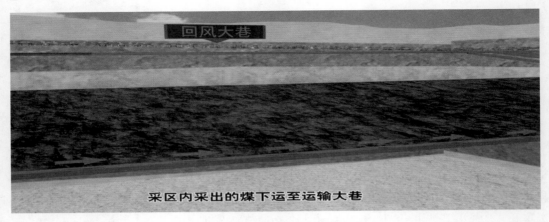

图 3-2　采出的煤下运至运输大巷

图 3-3　上山采区

采煤工作面采出的煤炭，经区段运输平巷运至采区运输上山，然后转运到采区煤仓，经运输大巷通过主井提升至地面，如图 3-4~图 3-6 所示。

图 3-4　煤经区段运输平巷运至采区运输上山

图 3-5　煤转运到采区煤仓

图 3-6　煤经运输大巷通过主井提升至地面

采煤工作面使用的材料和设备由轨道运输大巷，经采区轨道上山至采区中部车场或上部车场，送往各使用地点，如图 3-7~图 3-9 所示。

图 3-7　轨道运输大巷

图 3-8　中部车场

图 3-9　材料和设备运往各使用点

　　采煤工作面所需的新鲜空气，从轨道运输大巷进入，经轨道上山、中部车场，再到上部车场，经区段运输平巷到达工作面，如图 3-10~图 3-13 所示。清洗工作面后的污风经区段回风平巷，进入回风大巷，再排出地面，如图 3-14 所示。

图 3-10　新鲜空气由运输大巷进入

图 3-11 轨道上山

图 3-12 经由中部车场

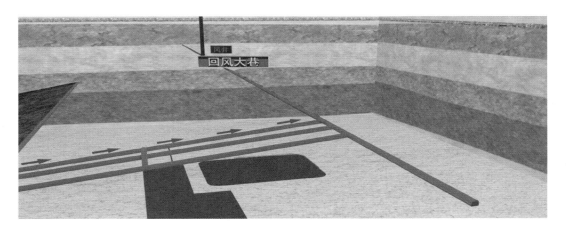

图 3-13 经区段运输平巷到达工作面

图 3-14   污风经区段回风平巷进入回风大巷再排出地面

　　上（下）山采区式准备方式有单层布置上山的采区准备方式、联合布置上山采区准备方式、煤层群分组集中布置采区准备方式等，如图 3-15~图 3-17 所示。

图 3-15   单层布置上山的采区准备方式

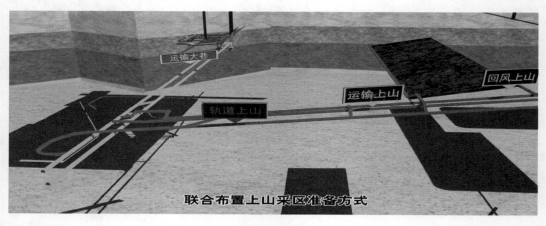

图 3-16   联合布置上山的采区准备方式

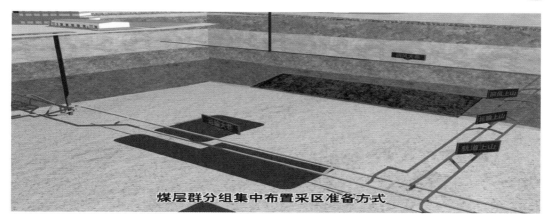

图 3-17　煤层群分组集中布置采区准备方式

思 考 题

1. 简述采区式准备方式的概念和类型。
2. 说明采区式准备方式的生产系统。

3.2　上（下）山盘区准备方式

3.2.1　准备方式

盘区式准备有上山盘区、下山盘区和石门盘区准备方式之分。根据盘区内主要巷道服务的煤层数目不同，又可分为单层布置和联合布置盘区。由于煤层倾角较小，盘区内区段一般不按等高线划分而布置成规则的矩形。盘区内同一煤层区段间的开采顺序不受限制，可以采用上行开采顺序或下行开采顺序。

（1）上（下）山盘区单层准备方式。由于煤层倾角较小，盘区辅助运输对盘区斜长限制较小，盘区斜长一般较大，相应的区段数目也较多。大巷多布置在煤层中，盘区上山沿煤层的布置，机械化水平高、瓦斯涌出量大、生产能力大的盘区多布置三条上（下）山。无煤与瓦斯突出危险、瓦斯涌出量不大，生产能力不大的盘区可布置两条上（下）山。上（下）山间距一般为 15～20m，两侧一般各留宽 20～30m 的煤柱，运输上（下）山一般采用胶带输送机运煤，生产能力小时也可以采用无极绳绞车配合矿车运煤，辅助运输的轨道上（下）山一般采用无极绳绞车运输或小绞车运输，为了便于无极绳绞车配合矿车运输，中部车场将铺设道岔的一段轨道上（下）山调成平坡与区段平巷连接。

（2）上（下）山盘区联合准备方式。一套上山为几个煤层服务，称盘区联合布置方式。

（3）盘区石门区段煤仓联合准备方式。自水平运输大巷开掘石门作为盘区主要运煤巷道的盘区称为石门盘区。

3.2.2　上（下）山盘区生产系统

沿煤层主要延展方向在井田中部布置胶带运输大巷、辅助运输大巷和回风大巷，开掘盘区运输上山、辅助运输上山、回风上山与大巷相连。区段平巷为双巷布置，盘区上山与区段平巷以溜煤眼和材料斜巷联系，大巷与轨道上山以盘区材料上山联系，如图 3-18 ~ 图 3-22 所示。

图 3-18 盘区生产系统

图 3-19 上山与区段平巷以溜煤眼和材料斜巷联系

图 3-20 大巷与辅助运输上山以材料上山联系

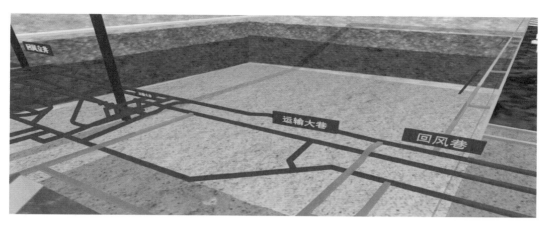

图 3-21　大巷布置

图 3-22　大巷与上山

区段运输平巷是在区段下部沿煤层走向掘煤层平巷，作进风、运煤用，如图 3-23 所示。

图 3-23　区段运输平巷

区段回风平巷是在区段上部沿煤层走向掘煤层平巷，作回风、进料用，如图 3-24 和图 3-25 所示。

图 3-24　区段上部沿煤层走向煤层内布置区段回风平巷

图 3-25　区段回风平巷负责回风和进料

采煤工作面的煤经区段运输平巷、区段溜煤眼、盘区运煤上山运入煤仓，在下部车场装入矿车经运输大巷运出，如图 3-26～图 3-28 所示。

图 3-26　煤运输路线场景 1

图 3-27　煤运输路线场景 2

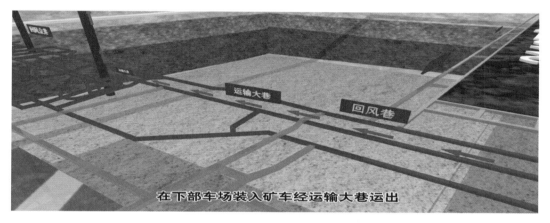

图 3-28　煤运输路线场景 3

材料经岩石运输大巷、盘区材料上山、轨道上山、上部车场、进风平巷送至煤层采煤工作面，如图 3-29～图 3-31 所示。

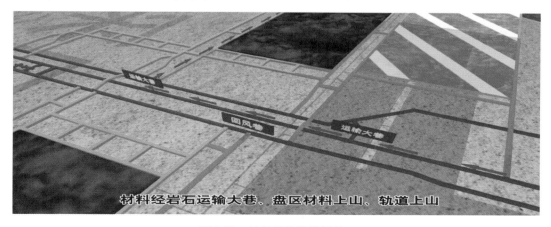

图 3-29　材料运输路线场景 1

图 3-30　材料运输路线场景 2

图 3-31　材料运输路线场景 3

采煤工作面所需新鲜空气从岩石运输大巷、进风斜巷、运煤上山、区段进风平巷、材料斜巷、区段进风平巷进入，清洗采煤工作面后，污浊空气经区段运输平巷、盘区轨道上山、回风斜巷、总回风巷排出采区，如图 3-32～图 3-37 所示。

图 3-32　风流路线场景 1

图 3-33　风流路线场景 2

图 3-34　风流路线场景 3

图 3-35　风流路线场景 4

图 3-36　风流路线场景 5

图 3-37　风流路线场景 6

思 考 题

1. 简述盘区式准备方式的类型及应用。
2. 说明盘区式准备方式的生产系统。
3. 说明采区式和盘区式准备的异同点和选择应用条件。

3.3　带区式准备方式

3.3.1　准备方式

一般在开采水平，沿煤层走向方向根据煤层厚度、硬度、顶底板稳定性和走向变化程度，在煤层或岩层中开掘水平运输大巷和回风大巷。在水平大巷两侧沿煤层走向划分为若干分带，由相邻较近的若干分带组成并具独立生产系统的区域，叫做带区。

我国煤矿在走向断层少、倾斜长度大的近水平煤层中多采用带区式准备方式、倾斜长壁采煤法开采。根据带区内准备巷道服务的工作面数目，带区准备方式可分为相邻两分带工作面组成的带区和相邻两个以上工作面组成的多分带工作面带区。

相邻两分带工作面带区准备方式的特点，是相邻的两个分带工作面共用一套生产系统。多分带工作面带区准备方式的特点，是带区内布置两个以上的分带工作面（一般4~6个）并共用一套生产系统。根据带区准备巷道服务的煤层数目，相邻两分带工作面组成的带区可以进一步分为单一煤层带区准备方式和近距离煤层群带区联合准备方式等。

采用单一煤层相邻两分带工作面带区准备方式时，胶带运输大巷和回风大巷布置在煤层中，辅助运输大巷布置在煤层底板岩层中。工作面运输进风斜巷直接与胶带运输大巷平面相交，与回风大巷空间相交。运输斜巷中的胶带输送机直接搭接在运输大巷中的胶带输送机上，取消分带煤仓。工作面回风运料斜巷直接与回风大巷平面相交。在辅助运输大巷附近布置为相邻两个分带服务的进风运料联络斜巷。

3.3.2 生产系统

带区式开采单层薄及中厚近距煤层，运输大巷和轨道大巷布置在煤层底板岩石中，回风大巷布置在煤层中，如图 3-38~图 3-40 所示。

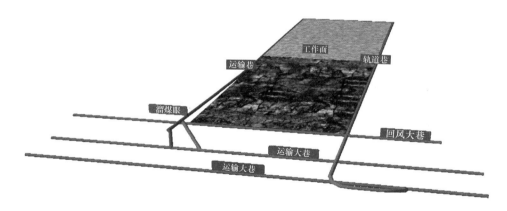

图 3-38 带区式开采布置

采煤工作面的煤经工作面分带运输斜巷运入煤仓，经运输大巷运至井底煤仓。材料从轨道大巷经材料斜巷、工作面分带回风斜巷进入采煤工作面，如图 3-41 和图 3-42 所示。

新鲜空气从运输大巷经进风行人斜巷、工作面分带运输斜巷进入采煤工作面，清洗采煤工作面的污浊空气经工作面分带回风斜巷进入回风大巷排出，如图 3-43 所示。

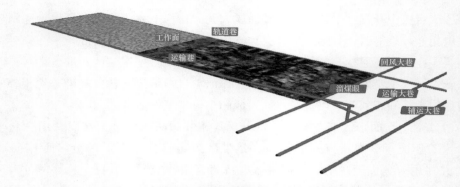

图 3-39   运输大巷和轨道大巷布置在煤层底板岩石中

图 3-40   回风大巷布置在煤层中

图 3-41   煤经运输斜巷运输

图 3-42   煤经运输大巷运至井底煤仓

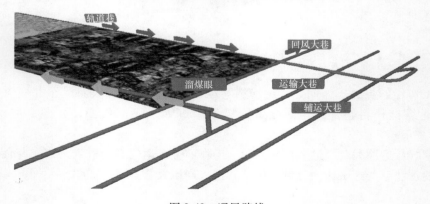

图 3-43   通风路线

思 考 题

1. 简述带区式准备方式的类型及应用。
2. 说明带区式准备方式的生产系统。

4 辅助生产系统

本章提要：介绍主井提升系统、副井提升系统、主运输系统、辅助运输系统、通风系统、供电系统、排水系统、压风系统、防灭火（消防、注浆、注氮）系统、瓦斯抽采系统、洒水防尘系统的设备设施、系统构成、主要功能、技术特点和运行过程。

关键词：主井提升系统；副井提升系统；主运输系统；辅助运输系统；通风系统；供电系统；排水系统；压风系统；防灭火（消防、注浆、注氮）系统；瓦斯抽采系统；洒水防尘系统

4.1 主、副井提升系统

矿井提升运输是采煤生产过程中的重要环节。井下各工作面采掘下来的煤或矸石，由运输设备经井下巷道运到井底车场，然后再用提升设备提至地面。人员的升降，材料、设备的运送，也都要通过提升运输设备来完成。根据提升系统的形式可分为立井罐笼提升系统、立井箕斗提升系统和斜井箕斗与串车提升系统。按矿井提升系统的用途可分为主井提升系统和副井提升系统。

4.1.1 主井提升系统

主井提升系统的主要任务是承担采煤工作面采出的原煤及综掘工作面采出原煤的提升任务。主井提升系统设备有提升绞车、司机操作台、液压站、配电设备及电控、单绳缠绕式提升机、箕斗，如图4-1所示。

图 4-1 主井提升系统

在装载皮带机上装煤，经称重后装入到箕斗中，井底信号工发信号给上井口信号工，

上井口信号工再将信号发给提升机司机。当提升机司机接到信号后开始启动绞车，先加速提升机提升箕斗，然后匀速运行，当箕斗到达上井口预定位置时绞车开始减速。当箕斗爬行进入上井口井架曲轨段后绞车制动，进行卸煤，将煤运到上井口煤仓。再根据需求将煤运到原煤仓或选煤厂，如图 4-2～图 4-9 所示。

满仓保护装置的作用是箕斗提升的井口煤仓仓满时能报警和自动断电。箕斗提升必须采用定重装载。

图 4-2　装载机装煤，称重后装入箕斗

图 4-3　井底信号工发信号给上井口信号工

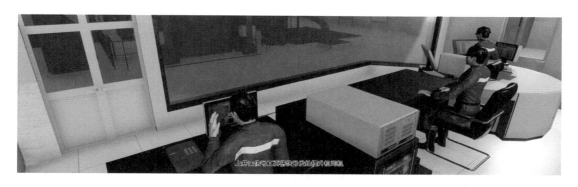

图 4-4　上井口信号工发信号给提升机司机

图 4-5　司机开动绞车提升

图 4-6　箕斗提升

图 4-7　绞车制动、卸煤

图 4-8　煤仓煤胶带转运

图 4-9　煤运到原煤仓或选煤厂

4.1.2　副井提升系统

　　副井提升系统的主要任务是运送矿井生产建设所需要的材料、机械设备、设施、配件等到井下；然后把不需要的煤矸石、掘进产生的岩石和其他废弃物以及需要升井大修的机械设备、设施、配件运输出井；运送升井和下井工作人员。副井一般还承担进风任务。副井提升系统的主要设备有提升绞车、司机操作台、液压站、配电设备及电控、井架、摩擦式提升机罐笼，如图 4-10 所示。

图 4-10　副井提升系统

　　人员下井过程如图 4-11~图 4-17 所示。下井口的人员进入罐笼后，井底信号工给上井

图 4-11　等待入井

图 4-12   进入罐笼

图 4-13   关闭罐笼安全门和井口门

图 4-14   启动绞车下降罐笼

图 4-15   罐笼下降过程中

图 4-16　到达预定位置停稳，打开安全门和井口门

图 4-17　走出罐笼

口信号工发出信号，上井口信号工收到信号后把信号发给提升机司机，提升机司机接到信号后，启动绞车，绞车先加速后匀速运行。当提升机提升罐笼到达预定位置时，绞车开始减速运行，到最后绞车制动停止运行。

升降人员的提升单绳罐笼必须装设可靠的防坠器。使用中的立井罐笼防坠器，每半年进行一次不脱钩检查试验，每一年应进行一次脱钩试验。罐笼上要安装安全门或卷帘门，上、下井口要安装井口门。上、下井口门与罐笼闭锁，即罐笼在正常运行时井口门无法打开，只有罐笼到达正常停车位置后才能打开。

4.1.3　立井提升相关规定

（1）提升司机、信号工、摘挂钩工必须经过安全技术培训，考试合格，持证上岗。严格执行一人操作一人监护制度。

（2）交接班人员上下井期间，必须由正司机操作，副司机在旁监护。

（3）司机不得擅自调节制动阀，更不允许随意调整提升机的运行速度。

（4）工作前检查信号是否正常，计算机工作是否正常，开车方式的选择是否正确，机械和电气部分是否完好，安全保护装置是否灵活可靠，钢丝绳是否牢固、有无断丝或变形，发现问题要及时汇报处理。

（5）运转时注意各部运转响声，随时观察仪表指示情况，以及轴承和电动机的温度变化，注意润滑系统供油情况，保证安全运转。

（6）信号不清不准开车，中途停车不准松闸。绞车在运行中司机不准离开操作台。

（7）罐笼和箕斗的最大提升载荷和最大提升载荷差应当在井口公布，严禁超载和超最大载荷差运行。

（8）立井井架和井底必须有足够的过卷高度和过放高度，井底内过放空间的杂物和积水要及时清理干净。立井提升容器的过卷高度和过放距离内必须设置性能可靠的缓冲装置，缓冲钢丝绳直径减少量达到10%时必须更换，钢丝绳的钢丝有变黑、锈皮、点蚀麻坑等损坏时，不论断丝多少或绳径是否变化，必须立即更换。缓冲钢丝绳从悬挂之日起，最长使用时间不得超过2年。

（9）应当每年检查1次金属井架、井筒罐道梁和其他装备的固定和锈蚀情况，发现松动及时加固，发现防腐层剥落及时补刷防腐剂。检查和处理结果应当详细记录。

（10）提升系统各部分每天必须由专职人员至少检查1次，每月还必须组织有关人员至少进行1次全面检查。检查中发现问题，必须立即处理，检查和处理结果都应当详细记录。

（11）每一提升装置，必须装有从井底信号工发给井口信号工和从井口信号工发给司机的信号装置。井口信号装置必须与提升机的控制回路相闭锁，只有在井口信号工发出信号后，提升机才能启动。除常用的信号装置外，还必须有备用信号装置。井底车场与井口之间、井口与司机操控台之间，除有上述信号装置外，还必须装设直通电话。1套提升装置服务多个水平时，从各水平发出的信号必须有区别。

（12）在提升速度大于3m/s的提升系统内，必须设防撞梁和托罐装置。防撞梁必须能够挡住过卷后上升的容器或者平衡锤，并不得兼作他用；托罐装置必须能够将撞击防撞梁后再下落的容器或者配重托住，并保证其下落的距离不超过0.5m。

（13）提升机必须装设可靠的提升容器位置指示器、减速声光示警装置，必须设置机械制动和电气制动装置。严禁司机擅自离开工作岗位。

（14）提升装置必须装设过卷和过放保护、超速保护、过负荷和欠电压保护、限速保护、提升容器位置指示保护、闸瓦间隙保护、松绳保护、仓位超限保护、减速功能保护、错向运行保护等安全保护装置。

思　考　题

1. 简述主井提升系统提升过程。
2. 简述副井提升系统提升过程。
3. 说明立井提升系统相关安全规定。

4.2　矿井主运输煤流系统

4.2.1　基本概念

由带式输送机等设备组成的井下煤炭运输系统称为矿井主运输煤流系统，如图4-18和图4-19所示。设备主要有工作面刮板运输机、转载机、破碎机、皮带机、通用固定式强力皮带机、转载皮带机、给煤机、定量斗（称重）、箕斗等。给煤机是保证连续均匀地向箕斗装煤的设备。

图 4-18 主运输煤流系统

图 4-19 由带式输送机等设备组成

主运输流程：由工作面刮板运输机→转载机→破碎机→顺槽胶带输送机→溜煤眼→采区带式输送机→采区煤仓→采区煤仓下口给煤机→主运输大巷胶带输送机→井下主煤仓→主煤仓下口给煤机→井下装载硐室装载胶带输送机→定量斗（称重装置）装置→箕斗→经主提升系统用箕斗将煤炭提运至地面。

4.2.2 主运输煤流过程

煤经工作面刮板输送机、转载机、破碎机、胶带输送机输送到溜煤眼，如图 4-20～图 4-27 所示。

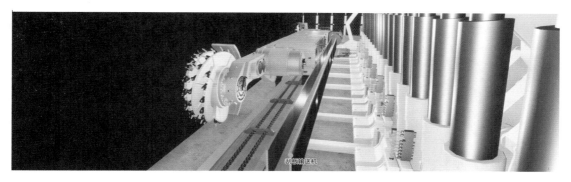

图 4-20 刮板输送机

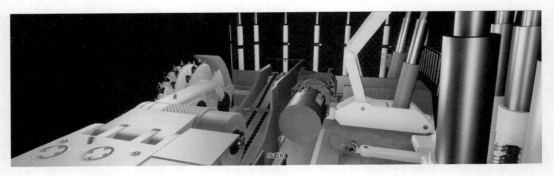

图 4-21　转载机

图 4-22　破碎机

图 4-23　胶带输送机

图 4-24　胶带输送机输送煤到溜煤眼场景 1

图 4-25 胶带输送机输送煤到溜煤眼场景 2

图 4-26 胶带输送机输送煤到溜煤眼场景 3

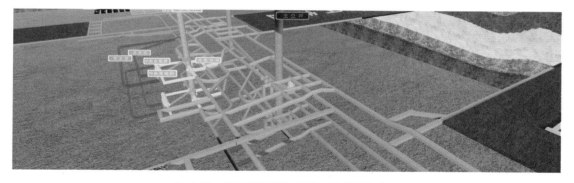

图 4-27 胶带输送机输送煤到溜煤眼场景 4

　　煤再经采区带式输送机运到采区煤仓，然后运送到采区煤仓下口给煤机。采区煤仓的煤经主运皮带到达主煤仓，运到主煤仓口下口给煤机。主煤仓的煤经硐室装载带式输送机，定量后装入箕斗，再经主提升系统运到地面，如图 4-28～图 4-36 所示。

4.2.3　带式输送机

　　带式输送机是由输送带作为承载兼作牵引机构的连续运输设备。带式输送机的基本组成部分包括输送带、托辊、驱动装置（包括传动滚筒）、机架、拉紧装置和清扫装置。输

图 4-28　采区煤仓

图 4-29　给煤机

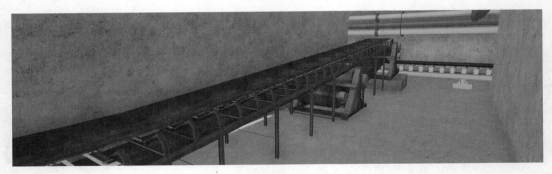

图 4-30　大巷胶带输送机

图 4-31　装载皮带机

图 4-32 煤装入箕斗

图 4-33 定量斗

图 4-34 箕斗

图 4-35 主井提升

图 4-36　煤运到地面

送带绕经传动滚筒和改向滚筒、拉紧滚筒接成环形，拉紧运输装置给输送带以正常运行所需的张力。工作时，驱动装置驱动传动滚筒，通过传动滚筒与输送带之间的摩擦力带动输送带连续运行，输送带上的物料随输送带一起运行到端部卸出，利用专门的卸载装置也可在中间部位卸载。

带式输送机可用于水平和倾斜运输，倾斜的最大许可角度依物料性质的不同和输送带表面形状不同而异。物料向下运输时最大倾角要减少 20%。

带式输送机分多钟类型，适用不同的工作场所。

（1）采区巷道多采用可伸缩带式输送机。可伸缩带式输送机的特点是有一个储带仓和一套储带装置，储带装置起暂时储存适量胶带的作用，当移动机尾进行伸缩时，储带装置可相应地放出或收储一定长度的胶带。

综合机械化采煤工作面推进速度快，巷道的长度和运输距离也相应发生变化，这就要求巷道运输设备能够比较灵活地伸长或缩短。采煤时桥式转载机接受工作面刮板输送机运出的煤流，经破碎机将大块煤破碎后，转运装载到可伸缩带式输送机上去。随着采煤工作面的推进，桥式转载机与工作面刮板输送机机头部同步推移，转载机拱桥段与可伸缩带式输送机机尾段的搭接重叠长度增大，达到极限值时，带式输送机则需前移机尾、缩机储带。

（2）采区上下山及主要运输平巷、采区巷道采用绳架吊挂式或落地可拆式带式输送机。绳架吊挂式带式输送机与通用型带式输送机基本相同，其特点仅在于机身部分为吊挂的钢丝绳机架支撑托辊和输送带，主要用于采区巷道和集中运输平巷，也可用于采区上、下山运输。

（3）平硐和主斜井采用固定式钢丝绳芯式带式输送机或钢丝绳牵引式带式输送机。钢丝绳芯式带式输送机又称强力带式输送机，抗拉强度高、功率大、运量大、运输距离长，主要用于平硐、主斜井、大型矿井的主运输巷及地面，作为长距离、大运量的运煤设备。

（4）井下主要运输巷道、地面选煤厂采用普通固定式带式输送机。普通型带式输送机，机架固定在底板或基础上。一般使用在运输距离不长的永久使用地点，如选煤厂、井下主要运输巷道。这种输送机由于拆解不方便而不能满足机械化采煤工作面推进速度快的采区运输需要。

4.2.4 相关安全规定

采用滚筒驱动带式输送机运输时，应当遵守下列规定：

（1）采用非金属聚合物制造的输送带、托辊和滚筒包胶材料等，其阻燃性能和抗静电性能必须符合有关标准的规定。

（2）必须装设防打滑、跑偏、堆煤、撕裂等保护装置，同时应当装设温度、烟雾监测装置和自动洒水装置。

（3）应当具备沿线急停闭锁功能。

（4）主要运输巷道中使用的带式输送机，必须装设输送带张紧力下降保护装置。

（5）倾斜井巷中使用的带式输送机，上运时，必须装设防逆转装置和制动装置；下运时，应当装设软制动装置且必须装设防超速保护装置。

（6）在大于16°的倾斜井巷中使用带式输送机，应当设置防护网，并采取防止物料下滑、滚落等的安全措施。

（7）液力耦合器严禁使用可燃性传动介质（调速型液力耦合器不受此限）。

（8）机头、机尾及搭接处，应当有照明。

（9）机头、机尾、驱动滚筒和改向滚筒处，应当设防护栏及警示牌。行人跨越带式输送机处，应当设过桥。

思 考 题

1. 矿井主运输煤流系统有哪些运输设备？
2. 试述主运输煤流系统的运输路线。
3. 简述带式输送机的基本组成、工作原理。
4. 简述带式输送机的类型和应用。
5. 简述使用带式输送机应遵守的安全规定。

4.3 辅助运输系统

4.3.1 基本概念

煤矿辅助运输系统是煤炭生产过程中不可缺少的重要生产环节，是整个矿井生产系统的人流、物流、材料流。在煤矿生产活动中，辅助运输系统是指除煤炭以外的材料、设备、人员和矸石的运输。辅助运输的特点是：双向运输，物品多样；运输量小，工作量大；物流不均衡；线路复杂，分支多；运送的装备向重型化发展。

目前辅助运输系统主要有有轨道运输和无轨道运输两类。

4.3.2 辅助运输过程

人员通过副井罐笼下井，乘坐有轨人车或无轨胶轮运输车前往工作地点，如图4-37~图4-39所示。

矿用材料通过罐笼运送到副井下井口，用电机车把材料运输至采区下车场，然后到达

图 4-37　人员通过副井罐笼下井

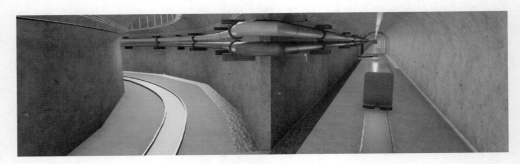

图 4-38　巷道内人员运输

图 4-39　无轨胶轮运输车

采煤工作面材料巷下车场，再用绞车将其运送到采煤工作面巷道，如图 4-40～图 4-45 所示。

4.3.3　辅助运输设备

辅助运输过程用到的主要设备有架线式电机车、蓄电池式电机车、无极绳牵引绞车、架空乘人索道、井下齿轨车、平巷人车、斜巷人车、矿车、翻斗矿车、平板车、回柱绞车、

图 4-40 副井井架

图 4-41 材料车等待进入罐笼

图 4-42 材料车进入罐笼

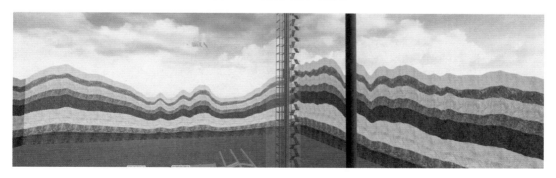

图 4-43 罐笼运送材料车下井

图 4-44　电机车牵引材料车到采区下车场

图 4-45　运至采煤工作面材料巷下车场

材料车等。

　　架线式电机车是借受电弓从电路上取得电能的。工作时，沿轨道运行的电机车上部，靠受电弓接触架空线获取电能，下部则利用车轮与轨道接触，构成一个回路，使牵引电动机工作，从而使电机车牵引矿车行驶，如图 4-46 和图 4-47 所示。

图 4-46　架线式电机车

　　无极绳矿用绞车是一种新型的被迅速推广的煤矿辅助运输装备，适用于有瓦斯和煤尘的煤矿井下工作面顺槽和轨道巷，实现材料、设备的长距离连续高效运输，特别适用于大型综采设备（如成台支架等）的连续运输，如图 4-48 所示。

图 4-47 架线式电机车受电弓

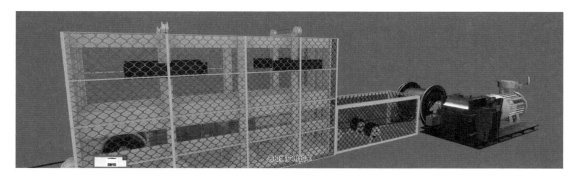

图 4-48 无极绳矿用绞车

有极绳矿用绞车是指井上下轨道线路上牵引车辆，用于物料和设备运输的有绳内齿轮绞车，可分为规定小绞车和临时小绞车两种，如图 4-49 所示。

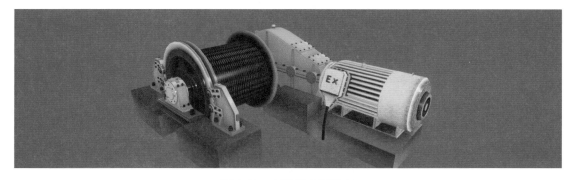

图 4-49 有极绳矿用绞车

铲运类车辆，主要完成材料和设备的装卸、支架和大型设备的铲装运输，如图 4-50 所示。

斜巷人车是指斜巷提升专门运送人员的车辆。适用于 600mm 轨距、18~24kg/m 的钢轨、木枕、水泥枕及水泥正体道床，倾角 10°~40°，如图 4-51 所示。

平巷人车主要用于坡度不超过 26°的矿山井下平硐和平巷运送人员，如图 4-52 所示。

图 4-50　铲运类车辆

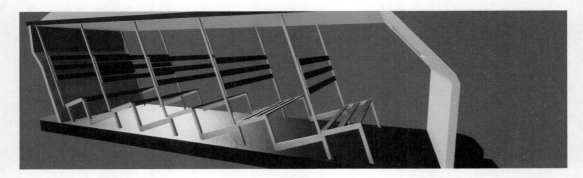

图 4-51　斜巷人车

图 4-52　平巷人车

　　翻斗式矿车主要用来运输碎的块状物料，由车厢、车架、轮对、连接插销等组成，如图 4-53 所示。

　　蓄电池式电机车的工作过程是由蓄电池提供的直流电经隔爆插销、控制器、电阻箱等部件驱动电动机运转，电动机通过传动装置带动车轮转动，从而牵引列车行驶，如图 4-54 所示。

　　平板车主要用于综采工作面支架及其他大型设备的运输，也可用于大件物料和集装物料的整体运输，承载能力可达几十吨，如图 4-55 所示。

图 4-53　翻斗式矿车

图 4-54　蓄电池式电机车

图 4-55　平板车

　　回柱绞车又称慢速绞车，是供煤矿井下采煤工作面回柱放顶之用。由于高度低重量轻，特别适用于薄煤层以及急倾斜煤层采煤工作面，如图 4-56 所示。

图 4-56　回柱绞车

1. 简述辅助运输系统的功能和特点。
2. 简述辅助运输常用设备的类型、特点和作用。

4.4　矿井通风系统

4.4.1　矿井通风方法

矿井通风方法是指产生通风动力的方法，有自然通风和机械通风。矿井通风方法主要是指矿井主要通风机的工作方法，可分为抽出式和压入式两种。

（1）抽出式通风是指主要通风机安装在回风井口，在抽出式主要通风机的作用下，整个矿井通风系统处在低于当地大气压力的负压状态下。优点：外部漏风量少，通风管理比较简单；当主要通风机因故停止运转时，会因井下风流的压力提高，使采空区瓦斯涌出量减少，有利于瓦斯管理，比较安全。缺点：当地面存在塌陷区并与开采裂隙相通时，抽出式通风会把积存的有害气体抽到井下，并使工作面的有效风量减少。

（2）压入式是指主要通风机安设在进风井口，做压入式工作，井下风流处于正压状态。优点：节省风井场地，施工方便，主要通风机台数少，管理方便；开采浅部煤层时采区准备较容易，工程量少，工期短，出煤快；能用一部分回风把塌陷区的有害气体压到地面。缺点：井口房、井底煤仓及装载硐室漏风大，管理困难；风阻大，风量调节困难；由第一水平的压入式过渡到第二水平的抽出式，改造工程量大，过渡期长，通风管理困难；当主要通风机因故停止运转时，井下风流压力降低，可能在短时间内引起采空区或封闭区的瓦斯大量涌出。

4.4.2　矿井通风系统

矿井通风系统是矿井通风方式、通风方法和通风网络的总称，是指风流从入风井口进入矿井后，经过井下各用风场所，然后进入回风井，由回风井排出矿井，如图 4-57 ~ 图 4-63 所示。

图 4-57　矿井通风系统

图 4-58　风流从入风井口进入矿井

图 4-59　风流经过井下各用风场所

图 4-60　进入回风井排出矿井

图 4-61　矿井通风网络

图 4-62　中央式通风

图 4-63　折返式风流

按进、回风井的相互位置关系将矿井通风系统分为中央式、对角式、区域式和混合式 4 种类型。

（1）中央式通风系统是指进风井位于井田中央，出风井位于井田中央或沿边界走向中部的通风方式。

（2）对角式通风系统是指进风井位于井田中央，出风井在两翼，或出风井位于井田中央，进风井在两翼的通风方式。

（3）分区式通风系统是指在井田的每一个生产区域开凿进、回风井，分别构成独立的通风系统的通风方式。

（4）混合式通风系统是指进风井与回风井有 3 个以上，有中央式和对角式混合、中央式和分区式混合等。

矿井通风网络是指井下各风路按各种形式连接而成的网络。由于矿井开拓方式和采区巷道布置不同，通风网络连接方式也就不一致，大体可分为串联、并联、角联和复杂连接 4 种类型。

矿井通风网络是指井下各风路按各种形式连接而成的网络，如图 4-61 所示。

中央式通风是指进、回风井大致位于井田走向中央，如图 4-62 所示。中央式通风风流在井下的流动路线是折返式的，如图 4-63 所示。

4.4.3　综采工作面风流线路

　　综采工作面风流线路：矿井的新鲜风经进风井（副井）输送到井底车场，井底车场的风经主要轨道大巷输送到采区（盘区）轨道上（下）山，然后经工作面进风巷到达综采工作面。工作面的风经工作面回风巷输送到采区（盘区）回风巷，再输送到主要回风大巷到达回风井，回风井的风经风硐到达主要通风机再经扩散器进入大气，如图4-64～图4-70所示。

图4-64　新鲜风由副井进入井底车场

图4-65　经主要轨道大巷输送到采区

图4-66　经工作面进风巷到达综采工作面

图 4-67　工作面的风经工作面回风巷输送到采区（盘区）回风巷

图 4-68　输送到主要回风大巷

图 4-69　输送到回风井

图 4-70　回风井的风进入大气

4.4.4　综掘工作面风流路线

矿井的新鲜风经进风井（副井）输送到井底车场，井底车场的风经主要轨道大巷到达采区（盘区）轨道上（下）山，然后到达采区（盘区）轨道上（下）山局部通风机，再经风筒到达综掘巷道工作面。工作面的风经综掘巷道输送到风桥，然后经采区（盘区）回风巷到达主要回风大巷，再到达回风井，如图 4-71～图 4-79 所示。回风井的风经风硐到达主要通风机再经扩散器进入大气。

局部通风机是指井下局部地点通风所用的通风机。其按局部通风方式可分为压入式和抽出式两种，按其结构可分为轴流式、对选轴流式和离心式 3 种。局部通风机和工作面的电气设备必须装有风电闭锁和瓦斯电闭锁。其中，压入式对旋轴流局部通风机最为常用。

图 4-71　新鲜风流由进风井到达井底车场

图 4-72　井底车场的风经主要轨道大巷到达采区

图 4-73　前往局部通风机

图 4-74　风流到达局部通风机

图 4-75　局部通风机

图 4-76　经风筒到达综掘巷道工作面

图 4-77　工作面的风经综掘巷道输送到风桥

图 4-78　输送到采区回风巷

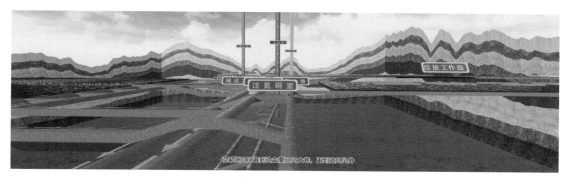

图 4-79　到达主要回风大巷、回风井

4.4.5　井下通风设施

井下通风设施有挡风墙（密闭）、风桥、连锁风门、调节风门（窗）等。

挡风墙是指在不允许风流通过，也不允许行人行车的巷道中设置的挡风设施，密闭是指对老空区或废弃的巷道设置的封闭设施，如图 4-80 所示。

图 4-80　挡风墙

风桥是指设在进风、回风平面交叉处而又使进风、回风互不混合的立体交叉风路设施，常见的有绕道式风桥、混凝土风桥和铁筒风桥三种类型，如图 4-81 所示。

图 4-81 风桥

连锁风门是指在某一控风地点一定距离内设置 2 道或 2 道以上的风门，当其中一道风门开启时，另一道风门不能开启；只有当开启的风门关闭时，另一道封门才能开启。调节风门（窗）是指可以用来调节井下巷道通过风量的控风设施，如图 4-82 所示。

图 4-82 风门及调节风窗

4.4.6 相关安全规定

（1）矿井必须采用机械通风。主要通风机必须安装在地面；装有通风机的井口必须封闭严密，其外部漏风率在无提升设备时不得超过 5%，有提升设备时不得超过 15%；必须保证主要通风机连续运转；必须安装 2 套同等能力的主要通风机装置，其中 1 套作备用，备用通风机必须能在 10min 内开动；装有主要通风机的出风井口应当安装防爆门，防爆门每 6 个月检查维修 1 次；至少每月检查 1 次主要通风机。改变主要通风机转数、叶片角度或者对旋式主要通风机运转级数时，必须经矿总工程师批准。

（2）主要通风机停止运转时，必须立即停止工作、切断电源，工作人员先撤到进风巷道中，由值班矿领导组织全矿井工作人员全部撤出。主要通风机停止运转期间，必须打开井口防爆门和有关风门，利用自然风压通风；对由多台主要通风机联合通风的矿井，必须正确控制风流，防止风流紊乱。

（3）生产矿井主要通风机必须装有反风设施，并能在 10min 内改变巷道中的风流方向；当风流方向改变后，主要通风机的供给风量不应小于正常供风量的 40%。

（4）进风井口必须布置在粉尘、有害和高温气体不能侵入的地方。已布置在粉尘、有害和高温气体能侵入的地点的，应当制定安全措施。

（5）严禁主要通风机房兼作他用。主要通风机房内必须安装水柱计（压力表）、电流表、电压表、轴承温度计等仪表，还必须有直通矿调度室的电话，并有反风操作系统图、司机岗位责任制和操作规程。主要通风机的运转应当由专职司机负责，司机应当每小时将通风机运转情况记入运转记录簿内；发现异常，立即报告。实现主要通风机集中监控、图像监视的主要通风机房可不设专职司机，但必须实行巡检制度。

（6）矿井必须制定主要通风机停止运转的应急预案。因检修、停电或者其他原因停止主要通风机运转时，必须制定停风措施。变电所或者电厂在停电前，必须将预计停电时间通知矿调度室。

（7）掘进巷道必须采用矿井全风压通风或者局部通风机通风。煤巷、半煤岩巷和有瓦斯涌出的岩巷掘进采用局部通风机通风时，应当采用压入式，不得采用抽出式（压气、水力引射器不受此限）；如果采用混合式，必须制定安全措施。瓦斯喷出区域和突出煤层采用局部通风机通风时，必须采用压入式。

使用局部通风机通风的掘进工作面，不得停风；因检修、停电、故障等原因停风时，必须将人员全部撤至全风压进风流处，切断电源，设置栅栏、警示标志，禁止人员入内。

安装和使用局部通风机和风筒时，必须遵守安全规程规定。

（8）进、回风井之间和主要进、回风巷之间的每条联络巷中，必须砌筑永久性风墙；需要使用的联络巷，必须安设2道联锁的正向风门和2道反向风门。

（9）新建高瓦斯矿井、突出矿井、煤层容易自燃矿井及有热害的矿井应当采用分区式通风或者对角式通风；初期采用中央并列式通风的只能布置一个采区生产。

（10）矿井开拓新水平和准备新采区的回风，必须引入总回风巷或者主要回风巷中。

（11）生产水平和采（盘）区必须实行分区通风。

（12）采、掘工作面应当实行独立通风，严禁2个采煤工作面之间串联通风。

（13）井下所有煤仓和溜煤眼都应当保持一定的存煤，不得放空；有涌水的煤仓和溜煤眼，可以放空，但放空后放煤口闸板必须关闭，并设置引水管。溜煤眼不得兼作风眼使用。

（14）煤层倾角大于12°的采煤工作面采用下行通风时，应当报矿总工程师批准，并遵守相关安全规定。

（15）箕斗提升井或者装有带式输送机的井筒兼作风井使用时，必须遵守相关安全规定。

（16）采煤工作面必须采用矿井全风压通风，禁止采用局部通风机稀释瓦斯。采掘工作面的进风和回风不得经过采空区或者冒顶区。无煤柱开采沿空送巷和沿空留巷时，应当采取防止从巷道的两帮和顶部向采空区漏风的措施。矿井在同一煤层、同翼、同一采区相邻正在开采的采煤工作面沿空送巷时，采掘工作面严禁同时作业。

（17）采空区必须及时封闭。必须随采煤工作面的推进逐个封闭通至采空区的连通巷道。采区开采结束后45天内，必须在所有与已采区相连通的巷道中设置密闭墙，全部封闭采区。

（18）控制风流的风门、风桥、风墙、风窗等设施必须可靠。不应在倾斜运输巷中设置风门；如果必须设置风门，应当安设自动风门或者设专人管理，并有防止矿车或者风门碰撞人员以及矿车碰坏风门的安全措施。开采突出煤层时，工作面回风侧不得设置调节风量的设施。

（19）矿井通风系统图必须标明风流方向、风量和通风设施的安装地点。必须按季绘制通风系统图，并按月补充修改。多煤层同时开采的矿井，必须绘制分层通风系统图。应当绘制矿井通风系统立体示意图和矿井通风网络图。

思　考　题

1. 试述抽出式和压入式通风方法的基本概念和优缺点。
2. 试述矿井通风系统的类型及风井布置方式。
3. 试述综采工作面的风流线路。
4. 试述综掘工作面的风流线路。
5. 井下有哪些通风设施？
6. 简述通风相关安全规定。

4.5　矿井排水系统

4.5.1　矿井涌水

矿井建设和生产过程中涌入矿井的水统称为矿井水，矿井水分为自然涌水和采掘工程涌水。

自然涌水是指自然存在的地表水和地下水。地表水是指江、河、湖、沟渠和池塘中的水以及季节性雨水、融雪和山洪等，如果有巨大裂缝与井下沟通时，地表水就顺着裂缝灌至井下，造成水灾。地下水包括含水层水（岩层水和煤层水）、断层水和采空区积水。地层中的砂层、砂岩和灰岩层等，往往含有丰富的地下水，含水层一般都具有很高的水压；断层带及断层附近岩石破碎，裂隙发育，常形成构造赋水带；井下采空区或煤层露头附近的古井、小窑中也常有积水。

采掘工程涌水是与采掘方法或工艺有关的水，如水砂充填时矿井的充填废水等。

单位时间内涌入矿井巷道内的矿井水总量称为矿井涌水量。同一个矿井在不同季节涌水量是变化的，通常在雨季和融雪季出现高峰，此期间的涌水量称为最大涌水量。一年内持续时间较长、变化不大的涌水量称为正常涌水量。

根据矿井涌水量的大小，可将矿井划分为 4 个等级。

（1）涌水量小的矿井：涌水量小于 $120\text{m}^3/\text{h}$。

（2）涌水量中等的矿井：涌水量为 $120\sim300\text{m}^3/\text{h}$。

（3）涌水量大的矿井：涌水量为 $300\sim900\text{m}^3/\text{h}$。

（4）涌水量极大的矿井：涌水量大于 $900\text{m}^3/\text{h}$。

矿井水水温随井深的增加而升高。矿井水中含有各种矿物质，并且含有泥沙、煤屑等杂质。矿井水有酸性、碱性和中性之分。酸性矿井水能腐蚀水泵、管路等设备，因此，对于酸性矿井水，特别是 $\text{pH}<3$ 的强酸性矿井水，应加入石灰进行中和处理，或使用耐酸排水设备。

矿井在建设和生产过程中，地表水、地下水、老空水通过各种通道涌入矿井，当矿井涌水超过正常排水能力时，就造成矿井水灾。矿井水灾（通常称为透水）一旦发生，不但影响矿井正常生产，而且有时还会造成人员伤亡，淹没矿井，危害十分严重。

矿井水害一般分为地表水、老窑水、孔隙水、裂隙水和岩溶水五大类水害，水源进入矿井的可能通道有断层破碎带、采掘过程中形成的裂缝、井巷封闭不好或没有封孔的旧钻孔等。

4.5.2　排水系统

矿井排水系统的任务是将矿井涌水及时地排送至地面，为井下创造良好的工作环境，确保安全生产，如图 4-83 所示。

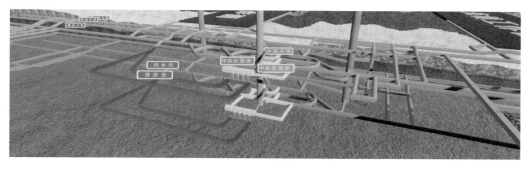

图 4-83　矿井排水系统

矿井排水系统由中央水泵房、与矿井涌水量相匹配的水泵、水仓、排水管路、电控设备、阀门、监测仪表等组成，满足矿井排水的需要，如图 4-84~图 4-89 所示。

图 4-84　中央水泵房

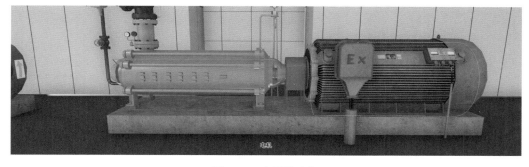

图 4-85　水泵及电机

图 4-86 电控设备

图 4-87 管路

图 4-88 阀门

图 4-89 监测仪表

中央水泵房设置在井底车场附近，除正在检修的水泵外，应当有工作水泵和备用水泵。工作水泵的能力，应当能在 20h 内排出矿井 24h 的正常涌水量（包括充填水及其他用水），备用水泵的能力，应当不小于工作水泵能力的 70%。检修水泵的能力，应当不小于工作水泵能力的 25%。工作和备用水泵的总能力，应当能在 20h 内排出矿井 24h 的最大涌水量。

主要泵房至少有 2 个出口，一个出口用斜巷联通到井筒，并应高出泵房 7m 以上；另一个出口通到井底车场，在此出口通道内，应设置易于关闭的既能防水又能防火的密闭门。泵房和水仓的连接通道，应设置可靠的控制闸门。设有内外环水仓的还应设置配水闸门。

主要水仓必须有主仓和副仓，当一个水仓清理时，另一个水仓能正常使用。水仓进口处应设置算子，对水砂充填和其他涌水中带有大量杂物的矿井还应设置沉淀池，水仓的空仓容量必须经常保持在总容量的 50% 以上。

排水管路应当有工作和备用排水管路，如图 4-90 所示。工作排水管路的能力，应当能配合工作水泵在 20h 内排出矿井 24h 的正常涌水量。工作和备用排水管路的总能力，应当能配合工作和备用水泵在 20h 内排出矿井 24h 的最大涌水量。

图 4-90　备用排水管路

配电设备的能力应当与工作、备用和检修水泵的能力相匹配，能够保证全部水泵同时运转，如图 4-91 所示。

图 4-91　备用配电设备

通过水泵和管路把水从涌水点排到采区水仓，再通过采区水仓的固定排水设备把水排到中央水仓,最后由中央水仓排水设备把水排到地面,如图 4-92~图 4-95 所示。

图 4-92 水从涌水点排到采区水仓场景 1

图 4-93 水从涌水点排到采区水仓场景 2

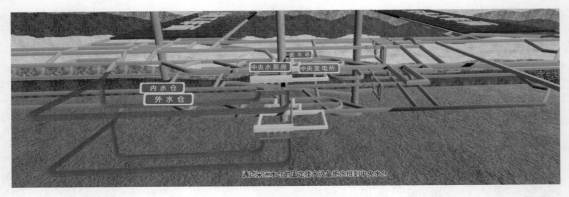

图 4-94 从采区水仓排到中央水仓

水泵、水管、闸阀、配电设备和线路,必须经常检查和维护。在每年雨季之前,必须全面检修 1 次,并对全部工作水泵和备用水泵进行 1 次联合排水试验,提交联合排水试验报告。

图 4-95　由中央水仓排到地面

水仓、沉淀池和水沟中的淤泥，应当及时清理，每年雨季前必须清理 1 次。

大型、特大型矿井排水系统可以根据井下生产布局及涌水情况分区建设，每个排水分区可以实现独立排水，但泵房设计、排水能力及水仓容量必须符合要求。

井下采区、巷道有突水危险或者可能积水的，应当优先施工安装防、排水系统，并保证有足够的排水能力。

4.5.3　矿井排水形式

矿井排水系统通常有以下几种形式：

（1）直接排水系统。矿井开拓方式为单水平开拓时，可采用直接排水系统将井下全部涌水集中于水仓内，并用排水设备将其排至地表。矿井为多水平开拓，且各开采水平的涌水量都较大时，可在各水平设置水仓，分别将各水平的矿井水排至地表。

（2）集中排水系统。矿井为多水平开拓时，如果上水平的涌水量不大，可将水自流到下一水平的水仓中，再由主排水泵集中排至地面。这样便省去了上水平的排水设备，但增加了排水电耗。

（3）分段排水系统。深井单水平开采时，若水泵扬程不足以直接将水排至地表，可在井筒中部设置水泵房及水仓，把水先排至中间水仓，再排至地表。

思　考　题

1. 根据矿井涌水量的大小，矿井划分为哪几个等级？
2. 简述矿井排水系统的设备、设施构成及应遵守的相关要求。
3. 试述矿井排水系统的基本形式和适用条件。

4.6　矿井防灭火系统

4.6.1　防灭火系统构成

矿井防灭火系统一般由矿井消防供水系统、灌浆系统、注氮系统、反风系统、防火门、防火墙、消防器材设置点和消防料库等组成，如图 4-96～图 4-98 所示。

图 4-96　防火门

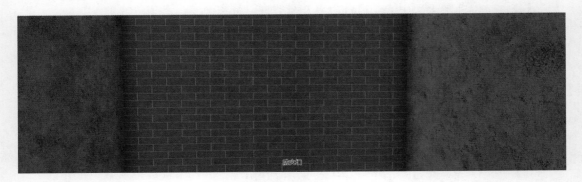

图 4-97　防火墙

图 4-98　消防器材设置点和消防料库

4.6.2　矿井消防供水系统

矿井消防供水系统一般由地面消防水池、井下输水管网等组成，供水水压和水量必须符合《安全规程》（以下简称《规程》），且消防水管路必须在所有竖井斜井和平硐井口、井底车场附近的主要硐室内、主要石门岩石大巷、主要煤层大巷、皮带运输巷、皮带机头机尾、回采工作面进回风巷口、掘进工作面进口等地点按照《规程》设置三通和阀门，如图 4-99～图 4-106 所示。

图 4-99 消防水池

图 4-100 井下输水管网

图 4-101 竖井斜井和平硐井口消防水管路

图 4-102 井底车场附近的主要硐室消防水管路

图 4-103　主要煤层大巷消防水管路

图 4-104　皮带运输巷消防水管路

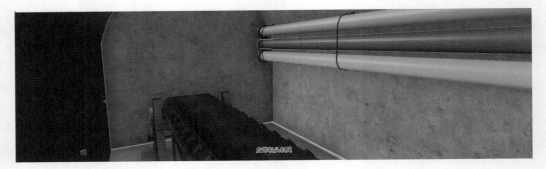

图 4-105　皮带机头机尾消防水管路

图 4-106　设置三通和阀门

4.6.3　灌浆系统

灌浆就是把黏土、粉碎的页岩、电厂飞灰等固体材料与水混合、搅拌、配制成一定浓度的浆液，借助输浆管路注入或喷洒在采空区里，达到防火和灭火的目的。灌浆防灭火的作用为：浆液充填煤岩裂隙及其孔隙的表面，增大氧气扩散的阻力，减小煤和氧的接触和反应面；浆水浸润煤体，增加煤的外在水分，吸热冷却煤岩；加速采空区冒落煤岩的胶结，增加采空区的气密性。灌浆防火的实质是，抑制煤在低温时的氧化速度，延长自然发火期。

灌浆系统主要由地面制浆设备和井下注浆管网系统组成，如图 4-107 和图 4-108 所示。地面设备包括定量送料机、皮带输送机、胶体制备机、滤浆胶体制备机、清水泵、缓冲泥浆池、渣浆水泵等，如图 4-109～图 4-116 所示。

图 4-107　地面防火灌浆站

图 4-108　制浆设备

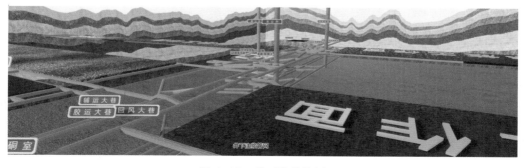

图 4-109　井下注浆管网

图 4-110　定量送料机

图 4-111　皮带输送机

图 4-112　胶体制备机

图 4-113　黄泥滤浆机

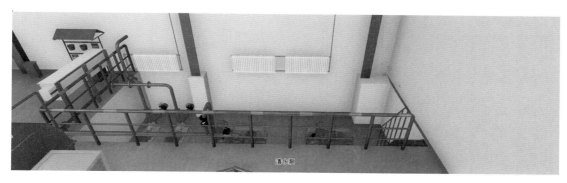

图 4-114　清水泵

图 4-115　缓冲泥浆池

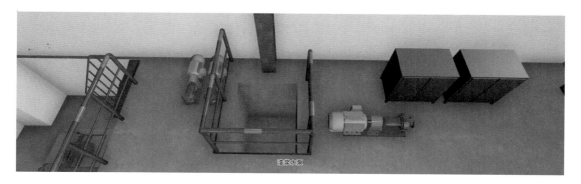

图 4-116　渣浆水泵

　　注浆时由装载机向定量送料机装运制浆料，定量送料机向皮带输送机转载制浆料，皮带输送机向胶体制备机输送制浆料，清水泵向胶体制备机加入清水，胶体制备机制出的黄泥浆通过滤浆机过滤进入缓冲泥浆池，通过浆液自重或渣泵输送到老空区或着火地点，或通过矿用移动式防灭火注浆装置倒入着火地点或预防着火地点，如图 4-117～图 4-121所示。

　　按与回采的关系，预防性灌浆可分为采前预灌、随采随灌、采后封闭灌浆三种。

　　（1）采前预灌。所谓采前预灌就是在工作面尚未回采前对其上部的采空区进行灌浆。这种灌浆方法适用于开采老窑多的易自燃、特厚煤层。

图 4-117 定量送料机向皮带输送机转载制浆料

图 4-118 皮带输送机向胶体制备机输送制浆料

图 4-119 清水泵向胶体制备机加入清水

图 4-120 黄泥浆进入缓冲泥浆池

图 4-121　输送到着火地点

（2）随采随灌。灌浆作为回采工艺的一部分，随工作面回采向采空区灌浆。随采随灌又有埋管灌浆、插管灌浆、洒浆、打钻灌浆等多种方法。

（3）采后灌浆。可以利用钻孔向工作面后部采空区内注浆，采空区封闭后，在密闭墙上插管灌浆，防止停采线遗煤自燃。

目前采用的灌浆方法有：钻孔灌浆、埋管灌浆、工作面洒浆、综采工作面插管灌浆。

加强灌浆管理对保证灌浆质量、提高灌浆效果至关重要。随采随灌时要注意观察灌入水量与排水量比例，如果排出水量过少，就说明灌浆区可能有泥积存，应停止灌浆。如果排出水里面含泥量过大或过于集中，就说明采空区已形成泥浆沟，灌浆不均匀，应移动管口位置。灌浆后应再灌几分钟清水，清洗管道，以免泥浆在管路内沉淀。

4.6.4　注氮系统

注氮系统一般由地面或井下制氮设备、注氮管路构成。井下移动式制氮设备安置于距需要防火或灭火区域的就近处，通过输氮管路将氮气送达防灭火区内，如图 4-122 ~ 图 4-125 所示。注氮防灭火主要是在矿井束管检测系统检测数据表明煤层将产生自然发火迹象时，进行注氮。采用氮气防灭火时，氮气的浓度不小于 97%。

图 4-122　制氮设备

注氮系统的优点：

（1）注入氮气可使防治区域缺氧惰化，迅速灭火，并能为抢险救灾工作提供较安全可靠的环境。

图 4-123　注氮管路

图 4-124　移动式注氮设备就近安置

图 4-125　通过输氮管路将氮气送达放灭火区

（2）可造成防治区域正压，能防止或杜绝新鲜空气流入，以保持防治区域的氮气惰化度。

（3）具有降温作用。氮气在管路中带压输送，在注氮口氮气膨胀吸热，可部分吸收煤炭氧化生成的热量。

（4）氮气密度和空气相近，易于和空气混合，氮分子能渗入采空区的所有地点，扩散半径大，惰化覆盖面广。

（5）注氮不污染防治区，无腐蚀且不损坏综采设备。

注氮的缺点：

（1）存在漏风通道的情况下，氮气易遗失，不能像泥浆那样长期起到防灭火作用。

（2）注氮能迅速遏制火灾，但灭火降温困难，使火区完全熄灭时间相当长。因此，注氮灭火的同时，要辅助其他灭火措施，处理残火，以防复燃。

（3）氮气本身虽无毒，但具有窒息性，对人体有害。井下作业场所所需氧含量下限值为 19%，所以有氮气泄漏的工作地点的氧气含量不得低于 19%。

4.6.5 相关安全规定

（1）木料场、矸石山等堆放场距离进风井口不得小于 80m。木料场距离矸石山不得小于 50m。不得将矸石山设在进风井的主导风向上风侧、表土层 10m 以浅有煤层的地面上和漏风采空区上方的塌陷范围内。

（2）井下消防管路系统应当敷设到采掘工作面，每隔 100m 设置支管和阀门，但在带式输送机巷道中应当每隔 50m 设置支管和阀门。地面的消防水池必须经常保持不少于 200m³ 的水量。消防用水同生产、生活用水共用同一水池时，应当有确保消防用水的措施。开采下部水平的矿井，除地面消防水池外，可以利用上部水平或者生产水平的水仓作为消防水池。

（3）进风井口应当装设防火铁门，防火铁门必须严密并易于关闭，打开时不妨碍提升、运输和人员通行，并定期维修；如果不设防火铁门，必须有防止烟火进入矿井的安全措施。

（4）井筒与各水平的连接处及井底车场，主要绞车道与主要运输巷、回风巷的连接处，井下机电设备硐室，主要巷道内带式输送机机头前后两端各 20m 范围内，都必须用不燃性材料支护。

（5）井下严禁使用灯泡取暖和使用电炉。

（6）井下和井口房内不得进行电焊、气焊和喷灯焊接等作业。如果必须在井下主要硐室、主要进风井巷和井口房内进行电焊、气焊和喷灯焊接等工作，每次必须制定安全措施，由矿长批准并遵守相关安全规定。

（7）井下使用的汽油、煤油必须装入盖严的铁桶内，由专人押运送至使用地点，剩余的汽油、煤油必须运回地面，严禁在井下存放。井下清洗风动工具时，必须在专用硐室进行，且必须使用不燃性和无毒性洗涤剂。

（8）井下爆炸物品库、机电设备硐室、检修硐室、材料库、井底车场、使用带式输送机或者液力偶合器的巷道以及采掘工作面附近的巷道中，必须备有灭火器材。

（9）矿井防灭火使用的凝胶、阻化剂及进行充填、堵漏、加固用的高分子材料，应当对其安全性和环保性进行评估。

思 考 题

1. 矿井消防供水系统管网布置要符合哪些要求？
2. 简述灌浆系统的制浆过程和灌浆方法。
3. 简述注氮系统防灭火的优、缺点。
4. 简述矿井防灭火的安全规定。

4.7 供 电 系 统

4.7.1 矿井供电基本概念

电力是煤矿的主要能源，煤矿井下自然条件恶劣，生产环境复杂，供电设备易于受到损坏，可能造成触电及火花引起火灾和瓦斯、煤尘爆炸等事故，煤矿供电首先要求供电安全和不间断供电，供电电压、频率基本稳定。

每一矿井应有两回路供电电源线路，其中一回路为主要供电线路，另一回路备用。当任一回路发生故障停止供电时，另一回路应能担负矿井全部负荷。

4.7.1.1 矿井供电负荷分类

矿井供电负荷分为 3 类：

（1）一类负荷。凡因突然停电可能造成人身伤亡或重要设备损坏或给生产造成重大损失的负荷为一类负荷。如主通风机、提升人员的立井提升机、井下主排水泵、高瓦斯矿井的区域通风机、瓦斯泵以及上述设备的辅助设备等。对一类负荷供电必须有可靠的备用电源，一般由变电所引出的独立双回路供电。

（2）二类负荷。因突然停电可能造成较大经济损失的负荷为二类负荷。生产设备多为二类负荷，如非提升人员的主提升机、压风机以及没有一类负荷的井下变电所等。对大型矿井的二类负荷，一般采用具有备用电源的供电方式。

（3）三类负荷。不属于一、二类负荷的所有负荷都属于三类负荷。如生产辅助设备、家属区、办公楼、机修厂等。对三类负荷供电的可靠性没有要求，可采用一条线路对多个负荷供电，以减少设备投资。

4.7.1.2 矿井供电电压等级

常用矿井供电电压等级为：

（1）110kV 或 35kV，矿井地面变电所电源电压。一般矿山用电容量大，离发电厂远，需要建矿区变电所对附近多个矿山供电时，矿区变电所供电电压一般采用 110kV。离电网较近时可选用 35kV 或 6kV 直供。

（2）10kV 或 6kV，井下高压配电电压和高压电动机的额定电压，井下高压不得超过 10kV。

（3）3.3kV 或 1140V，综合机构化采煤工作面电气设备的额定电压。

（4）660V，井下低压电网的配电电压。

（5）380V，地面或井下小型设备配电电压。

（6）220V，地面或井下新鲜风流大巷的照明电压。

（7）127V，井下照明、信号、手持式电气设备及电话的最高限额电压。

（8）36V，煤矿井下电气设备的控制电压。

（9）直流 250V、550V，井下直流架线电机车常用的额定电压。

4.7.1.3 矿井供电方式

矿井供电系统分为深井供电系统和浅井供电系统两种方式。

根据矿井井田范围、煤层深度和地质条件，煤层深度大于 150m 时应采用深井供电系统，小于 150m 时应采用浅井供电系统。

（1）浅井供电系统。浅井供电系统不是将 6kV 电能送至井下中央变电所进行电能分配和输送，而是由地面变电所直接参与将 6kV 电能送到与采区变电所位置相对应的地面变电亭，变电亭将 6kV 降低到 660V（或 380V），经钻孔向井下变电所供电。

（2）深井供电系统。深井供电系统采用三级供电方式，即地面变电站、井下变电所和采区变电所。适用矿层埋藏深、倾角小，采用立井和斜井开拓，生产能力大的矿井。10kV 或 6kV 高压电能从矿井地面变电所母线引出，先由沿井筒敷设的铠装电缆送至井下中央变电所，再送到采区变电所或移动变电站降压，得到 660V 或 1140V 低压电，然后经过采掘工作面配电点，向采掘机械等设备供电。

井下中央变电所是井下供电枢纽，是电能配送的中心，单一水平生产的矿井设一个井下中央变电所，多个水平的生产矿井，每个水平各设一个井下中央变电所。井下中央变电所一般设在井底车场附近，和水泵房相连。井下中央变电所主要设备有：高压配电装置，动力变压器，压馈电开关，低压电磁启动器，检漏继电器，照明、信号综合保护装置及照明灯具等。

井下中央变电所又称井下主变电所，是井下供电的中心，它担负着整个井下受电、配电、变电的重要任务。井下中央变电所向各采区变电所、主排水泵房的高压电动机、井下电机车需要的交流设备等配电，通过动力变压器将高压降低后向井底车场及其附近巷道的低压动力设备供电。井下中央变电所供电的线路不得少于两回路，当任一回路停止供电时，其余回路应能担负井下全部负荷的供电。

采区变电所是采区用电的中心，担负着整个采区的受电、配电、变电任务，其主要功能是将高电压变为低电压，并分配到本采区所有采区采掘工作面及其他用电设备。同时采区变电所还将部分高压直接分配给采区移动变电站。一般采区变电所属于二类负荷，可采用专回路专线供电。

移动变电站，是由特制的高压配电箱、干式变压器和低压配电装置组成的整体，安放在平车上，可在平巷的轨道上移动。采用移动变电站供电的优点是缩短低压供电距离，减少电压损失，随工作面的移动而移动，一般用于向综采工作面供电。

工作面配电点是工作面及其附近巷道的供电中心，随着工作面的推进而移动，设备有低压配电开关、电磁启动器等。

隔离开关的作用是将高压配电装置元件与电源隔离。可以用来切断负荷电流，但不能用来切断短路电流。可在容量不大或不太重要的 10kV 及以下配电线路上作电源开关用。

4.7.2 供电系统

煤矿供电系统的作用是从电力系统取得电能，通过变换、分配、输送等环节将电能安全可靠地输送到动力设备上，以满足煤矿生产的需要。煤矿供电系统一般由矿区变电站、地面变电所、井下中央变电所、采区变电所、采掘工作面配电点及站、所、点间的供电线路组成，如图 4-126～图 4-130 所示。

矿井有两回路电源线路，当一回路发生故障时，另一回路担负矿井供电任务，如图 4-131 所示。

图 4-126　矿区变电站

图 4-127　地面变电所

图 4-128　井下中央变电所

图 4-129　采掘工作面配电点

图 4-130　站、所、点间的供电线路

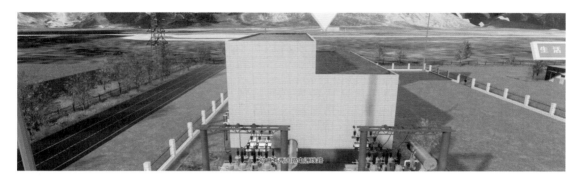

图 4-131　矿井有两回路电源线路

110kV（35kV）高压电经煤矿地面 110kV（35kV）/10kV（6kV）变电所的主变压器降压后，经过 10kV（或 6kV）高压配电装置及供电线路，将电能输送到井下中央变电所，如图 4-132~图 4-134 所示。

图 4-132　高压电降压

电由中央变电所输送至采区变电所，经过采区变电所的变配电设备及供电线路送至综、连采、机运队等配电点，经配电点的移动变电站降压后，分别将不同等级的电压（10kV、1140kV、660kV、380V）输送给不同的电气开关和用电设备（负荷），如图 4-135~图 4-140 所示。

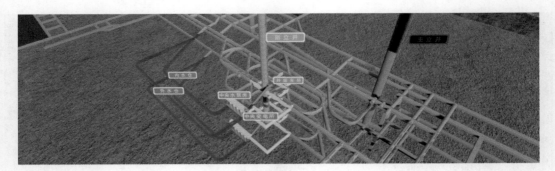

图 4-133　电能输送到中央变电所

图 4-134　中央变电所

图 4-135　由中央变电所输送至各配电点

图 4-136　配电点降压

图 4-137　不同电气开关和用电设备场景 1

图 4-138　不同电气开关和用电设备场景 2

图 4-139　不同电气开关和用电设备场景 3

图 4-140　不同电气开关和用电设备场景 4

    煤矿井下供电系统主要由移动变压站、矿用防爆电动机、组合开关、防爆运输机车、矿用隔爆型电磁起动器等设备构成，如图4-141~图4-145所示。

图 4-141   移动变压站

图 4-142   矿用防爆电动机

图 4-143   组合开关

图 4-144   防爆运输机车

图 4-145 矿用隔爆型电磁启动器

4.7.3 供电系统的保护

煤矿井下供电系统的过流保护、漏电保护、接地保护统称为煤矿井下的三大保护。

（1）过流保护。过电流是指流过电气设备和电缆的电流超过额定值，其故障有短路、过负荷和断相。

短路是指电流不流经负载，而是两根或三根导线直接短接形成回路。这时电流很大，可达额定电流的几倍、几十倍，甚至更大，其危害是能够在极短的时间内烧毁电气设备，引起火灾或引起瓦斯、煤尘爆炸事故。

过负荷是指流过电气设备和电路的实际电流超过其额定电流和允许过负荷时间。其危害是电气设备和电缆出现过负荷后，温度将超过所用绝缘材料的最高允许温度，损坏绝缘，如不及时切断电源，将会发展成漏电和短路事故。过负荷是井下烧毁中、小型电动机的主要原因之一。

断相是指三相交流电动机的一相供电线路或一相绕组断线。

（2）漏电保护。当电气设备或导线的绝缘损坏或人体触及一相带电体时，电源和大地形成回路，有电流流过的现象，称为漏电。井下常见的漏电故障可分为集中性漏电和分散性漏电两类。集中性漏电是指漏电发生在电网的某一处或某一点，其余部分的对地绝缘水平仍保持正常。分散性漏电是指某条电缆或整个网络对地绝缘水平均匀下降或低于允许绝缘水平。

（3）接地保护。将正常情况下不带电，而在绝缘材料损坏后或其他情况下可能带电的电器金属部分（即与带电部分相绝缘的金属结构部分）用导线与接地体可靠连接起来的一种保护接线方式。

4.7.4 矿用电气设备

矿用电气设备是指适用于矿井条件的各种电气设备，如矿用变压器、电动机、开关设备、照明灯具以及通信、信号、控制检测装置等。井下空间狭小，环境潮湿，粉尘含量大，常有岩石和矿物冒落；有的存在沼气（瓦斯）、矿尘等爆炸的危险，有的还有腐蚀性矿水和霉菌寄生。因此，矿用电气设备在材质和结构等方面应考虑防潮、防尘和防爆的特殊要求。按使用环境的爆炸危险程度，矿用电气设备可分为矿用一般型电气设备和防爆型电气设备。

矿用一般型电气设备的特点是：导电部分都由封闭的外壳加以隔离，外壳的机械强度较高，能防止水滴入或溅入，有专用的接线盒，绝缘部分有防潮特性。该型设备只能用于无瓦斯、煤尘爆炸危险的矿井或无瓦斯突出矿井中的井底车场和主要进风巷。外壳上有 KY 字样。

矿用防爆型电气设备包括隔爆型、本质安全型、增安型、充油型、正压型、防爆特殊型和上述类型的复合型设备等，井下常用的有以下 3 种：

（1）隔爆型电气设备。这种电气设备除具有一般型电气设备的特点以外，其外壳还有隔爆性能。该外壳既能承受其内部爆炸性气体混合物引爆产生的爆炸压力，又能防止爆炸产物穿出隔爆间隙点燃外壳周围的爆炸性混合物。隔爆型电气设备适用于容易产生瓦斯、煤尘爆炸危险的场所。外壳上有 Exd 或 Ex 字样。

（2）本质安全型电气设备。这种电气设备无论在正常或事故情况下产生的电火花和热效应均不致引燃爆炸性混合物。这种设备无需隔爆外壳，可用于经常存在爆炸危险的环境中，但受最小点燃能量的限制，只能在通信、信号、仪器仪表和控制回路中使用。外壳上有 Exi 字样。

（3）增安型电气设备。在正常运行时不产生电弧、火花或危险温度的电气设备上，采取提高安全程度的措施，防止内部发生短路及接地故障，严格控制外壳表面温度，达到防爆目的。该型设备不需要笨重的隔爆外壳，成本低，维护简便，适用于高瓦斯矿井中的照明、信号等设备。外壳有 Exe 字样。

4.7.5 相关安全规定

（1）煤矿地面、井下各种电气设备和电力系统的设计、选型、安装、验收、运行、检修、试验等必须符合煤矿安全规程要求。

（2）严禁井下配电变压器中性点直接接地，严禁由地面中性点直接接地的变压器或者发电机直接向井下供电。

（3）井下高压电动机、动力变压器的高压控制设备，应当具有短路、过负荷、接地和欠压释放保护。井下由采区变电所、移动变电站或者配电点引出的馈电线上，必须具有短路、过负荷和漏电保护。低压电动机的控制设备，必须具备短路、过负荷、单相断线、漏电闭锁保护及远程控制功能。

（4）井下配电网路（变压器馈出线路、电动机等）必须具有过流、短路保护装置；必须用该配电网路的最大三相短路电流校验开关设备的分断能力和动、热稳定性以及电缆的热稳定性。

（5）井下各级配电电压和各种电气设备的额定电压等级，高压不超过 10000V，低压不超过 1140V，照明和手持式电气设备的供电额定电压不超过 127V，远距离控制线路的额定电压不超过 36V，采掘工作面用电设备电压超过 3300V 时必须制定专门的安全措施。

（6）直接向井下供电的馈电线路上，严禁装设自动重合闸。手动合闸时，必须事先同井下联系。

（7）井下配电系统同时存在 2 种或者 2 种以上电压时，配电设备上应当明显地标出其电压额定值。

（8）井下不得带电检修电气设备。严禁带电搬迁非本安型电气设备、电缆，采用电缆供电的移动式用电设备不受此限。

（9）容易碰到的、裸露的带电体及机械外露的转动和传动部分必须加装护罩或者遮栏等防护设施。

（10）非专职人员或者非值班电气人员不得操作电气设备。

（11）操作高压电气设备主回路时，操作人员必须戴绝缘手套，并穿电工绝缘靴或者站在绝缘台上。

（12）手持式电气设备的操作手柄和工作中必须接触的部分必须有良好绝缘。

（13）煤电钻必须使用具有检漏、漏电闭锁、短路、过负荷、断相和远距离控制功能的综合保护装置。每班使用前，必须对煤电钻综合保护装置进行1次跳闸试验。突出矿井禁止使用煤电钻，煤层突出参数测定取样时不受此限。

（14）防爆电气设备到矿验收时，应当检查产品合格证、煤矿矿用产品安全标志，并核查与安全标志审核的一致性。入井前，应当进行防爆检查，签发合格证后方准入井。

（15）矿井必须备有井上、下配电系统图，井下电气设备布置示意图和供电线路平面敷设示意图，并随着情况变化定期填绘。

思 考 题

1. 煤矿供电负荷分为哪三类？
2. 试述矿井常用供电电压等级。
3. 试述煤矿供电系统构成及井下一般送电流程。
4. 说明供电系统的保护措施。
5. 试述矿用防爆型电气设备类型及特点。
6. 简述煤矿供电相关安全规定。

4.8 压风系统

4.8.1 压风系统简介

矿井压风系统是矿井生产必不可少的重要系统之一。矿井压风系统主要由空气压缩机、压风管路、阀门、相关元件、风包、安全保护装置及电气控制装置等构成。

压风系统为煤矿井下采掘工作面的气动凿岩机、气动装岩机，凿井使用的气动抓岩机，上、下井口推车机，主井箕斗卸载，机修厂使用的空气锤提供压缩空气的整套设备。同时也为从事井下作业的人员，提供了压风自救的风源。

压风系统的整体流程为，空气压缩机→储气罐→储气罐至副井口压风管路→副井井筒压风管路→井底车场压风管路→（轨道、胶带）运输大巷压风管路及至井底煤仓压风管路→综掘（综采）工作面压风管路，如图4-146~图4-150所示。

在井下使用以压缩空气为动力的机械，主要因为它安全，在有瓦斯矿井中，可避免产生电火花引起爆炸；容易实现气动凿岩机等冲击机械高速、往复、冲击强的要求；比电力

图 4-146　储气罐至副井口压风管路

图 4-147　副井井筒压风管路

图 4-148　井底车场压风管路

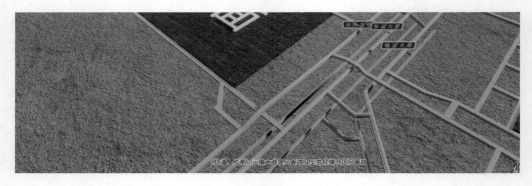

图 4-149　运输大巷压风管路

图 4-150 综掘（综采）压风管路

有更大的过负荷能力。如煤巷掘进中为了杜绝因煤电钻维护不到位而造成失爆发生瓦斯和煤尘爆炸事故，推广应用风动钻机；为了减轻操作工人劳动强度、提高工作效率，推广应用风动扳手。

压风系统的主要缺点是生产和使用压缩空气的效率较低，故这种动力比电力运行费用高。

随着井下巷道长度的不断延伸，地面的空气压缩机站向井下供气的管路也越来越长，压缩空气的压力损失逐渐加大。为此，布置在地面的压缩机站移设到井下的也越来越多。井下的空压机一般都设置在矿井主要大巷中（硐室）围岩坚固的地点。小型煤矿一般在井田中央设置一座空气压缩机站，用压风管路将压缩空气输送到各个用风地点，形成了压风系统。大、中型煤矿往往设置有两个以上空气压缩机站，用压风管路将所有的空气压缩机站全部连接在一起，管道分支处均设有调节、关闭压缩空气的阀门，以供调节风量所用。

4.8.2 相关安全规定

（1）为了确保空气压缩机安全、正常、可靠地运行，空气压缩机必须有压力表和安全阀。安全阀必须每月试验一次，保证其动作灵活可靠。各部位安全阀必须每年校验一次，检查和校验结果签字存档。压力表必须定期校准。安全阀和压力调节器必须动作可靠，安全阀动作压力不得超过额定压力的 1.1 倍。

（2）空气压缩机应使用闪点不低于 215℃ 的压缩机油。

（3）使用油润滑的空气压缩机必须装设断油保护装置或者断油信号显示装置。水冷式空气压缩机必须装设断水保护装置或者断水信号显示装置。

（4）空气压缩机安装地点 5m 范围内应安置适当数量的便携式灭火器。

（5）空气压缩机必须在进气口安装进气滤清器装置，使进入压缩机的空气尽可能清洁。应选用效果好的滤清器，并按需要增大滤清器尺寸，以减少更换滤清元件的次数及增加每次清洗滤清元件的间隔时间。

（6）螺杆式空气压缩机的排气温度不得超过 120℃，离心式空气压缩机的排气温度不得超过 130℃。必须装设温度保护装置，在超温时能自动切断电源并报警。

（7）在储气罐出口管路上必须加装释压阀，其口径不得小于出风管的直径，释放压力应当为空气压缩机最高工作压力的 1.25~1.4 倍。

（8）新安装或者检修后的储气罐，应当用 1.5 倍空气压缩机工作压力做水压试验。

（9）空气压缩机的风包在地面应设在室外阴凉处，避免阳光直晒，在井下应设在空气流畅的地方。

（10）风包上必须装有动作可靠的安全阀和放水阀，并有检查孔。必须定期清除风包内的油垢。

（11）储气罐内的温度应当保持在 120℃以下，并装有超温保护装置，在超温时能自动切断电源并报警。

思 考 题

1. 简述压风系统的构成和压风管网风流路线。
2. 简述压风系统的相关安全规定。

4.9　瓦斯抽采系统

4.9.1　瓦斯抽采目的

为了减少和消除矿井瓦斯对煤矿安全生产的威胁，利用机械设备和专用管道造成的负压，把煤层、岩层或采空区瓦斯抽出的技术措施称为瓦斯抽采。瓦斯抽采是预防煤与瓦斯突出的有效措施，也是开发洁净的瓦斯资源的唯一办法，是利用瓦斯资源，减少温室效应，保护大气环境的有效措施，同时可以预防瓦斯浓度超限，确保矿井安全生产。

有下列情况之一的，必须建立地面永久抽采系统或井下临时系统。

（1）当一个采煤工作面瓦斯涌出量大于 $5m^3/min$，或一个掘进工作面瓦斯涌出量大于 $3m^3/min$，采用通风方法解决瓦斯问题不合理时。

（2）矿井绝对瓦斯涌出量大于 $40m^3/min$。

（3）年产量 1.0~1.5Mt 的矿井，矿井绝对瓦斯涌出量大于 $30m^3/min$。

（4）年产量 0.6~1.0Mt 的矿井，矿井绝对瓦斯涌出量大于 $25m^3/min$。

（5）年产量 0.4~0.6Mt 的矿井，矿井绝对瓦斯涌出量大于 $20m^3/min$。

（6）年产量等于或小于 0.4Mt 的矿井，矿井绝对瓦斯涌出量大于 $15m^3/min$。

（7）开采有煤与瓦斯突出的矿井。

4.9.2　瓦斯抽采系统

抽采系统可分为地面固定抽采系统、井下固定抽采系统和井下移动抽采系统 3 种。

煤矿井下瓦斯抽采系统包括抽采泵站、抽采管路和抽采钻孔三部分。抽采泵站主要是放置抽采设备及其附属设备，必须有一套备用设备，如图 4-151~图 4-153 所示。我国煤矿常用的瓦斯泵有三大类：水环式真空泵、回转式罗茨瓦斯泵和离心式瓦斯泵。

煤矿瓦斯抽采就是向煤层和瓦斯积聚区域打钻，将钻孔接在专用的管路上，用抽采设备将煤层和采空区中的瓦斯抽至地面加以利用，如图 4-154~图 4-156 所示。

图 4-151 抽采泵站

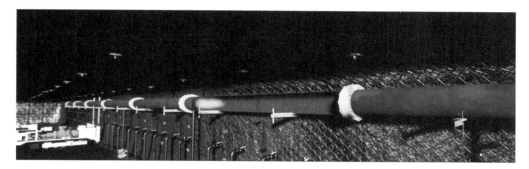

图 4-152 抽采管路

图 4-153 抽采钻孔

图 4-154 向煤层及瓦斯积聚区域打钻

图 4-155　钻孔连接专用管路

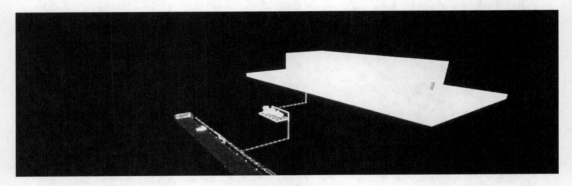

图 4-156　抽采利用

瓦斯抽采不仅可以降低瓦斯开采过程中的瓦斯涌出量，防止瓦斯超限和积聚，预防瓦斯爆炸事故，预防煤与瓦斯突出事故，还可变害为利，作为煤炭的伴生资源加以开发利用，如图 4-157~图 4-161 所示。

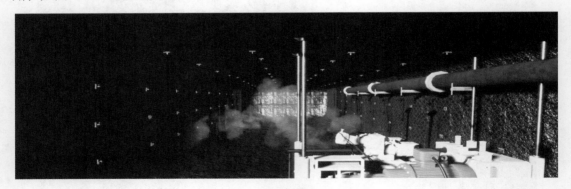

图 4-157　降低瓦斯涌出量

抽采瓦斯方法是指汇集瓦斯工程的施工方法而言，它可以分为钻孔法、巷道法和综合法。

瓦斯抽采装备主要有钻机设备、封孔设备、钻孔孔口装置、瓦斯管道及安全装置、流量计、瓦斯泵等。抽采瓦斯管路应按照《煤矿安全规程》的要求设置安全装置，其主要作

图 4-158　防止瓦斯超限和积聚

图 4-159　井下人员作业

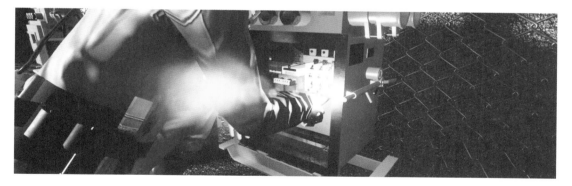

图 4-160　引起电火花

图 4-161　引起瓦斯爆炸

用是确保瓦斯管路的安全、可靠、有效地运行，便于控制、防止和消灭管路中的瓦斯爆炸和燃烧事故的发生和扩大，主要有放水装置，防爆、防回火装置，控制流量装置，放空和避雷装置等。

对于进行采空区抽采的巷道以及专用抽采瓦斯的巷道，都应进行密闭，并且要满足以下要求：

（1）抽采瓦斯巷道密闭要选择在顶板稳定，闭墙处巷道支护完整可靠的巷道段。

（2）砌筑密闭前，应在巷道四周掏槽。

（3）密闭墙要严密坚固。一般选用料石和砖砌筑，最好砌筑间距为 3m 的两道闭墙，中间用黄土充填严实。

（4）在砌筑闭墙时除预埋抽采瓦斯管外，还应预埋一根细管作为观测用。上山抽采瓦斯的闭墙还应预埋放水管。

煤矿井下抽采瓦斯管路的敷设有如下要求：

（1）主管、分管、支管及其与钻场连接处应装设瓦斯计量装置。

（2）管路拐弯、低洼、温度突变处及沿管路适当距离（间距一般为 200～300m，最大不超过 500m）应设置放水器。

（3）在抽采管路的适当部位应设置除渣装置和测压装置。

（4）抽采管路分岔处应设置控制阀门，规格应与安装地点的管径相匹配。

（5）地面主管上的阀门应设置在地表下用不燃性材料砌成、不透水的观察井内，其间距为 500～1000m。

（6）管路应平直敷设，并应减少弯头等附属管件，避免急转弯。抽采管路应保持一定的坡度，其坡度应根据巷道的坡度确定，一般不小于 1‰等。

封孔方法的选择应根据抽采方法及孔口所处煤（岩）层位、岩性、构造等因素综合确定。封孔应满足密封性好、操作方便和材料经济的要求。封孔质量影响着抽采瓦斯的浓度、孔口负压，甚至整个抽采系统的效果。

4.9.3　瓦斯抽采方法

抽采煤层和采空区瓦斯的方法主要有：地面钻井和井下钻孔抽采、巷道抽采和巷道与钻孔相结合抽采等。

瓦斯抽采方式按瓦斯源可分为：开采煤层瓦斯抽放、临近煤层瓦斯抽放、采空区抽采，如图 4-162 和图 4-163 所示。

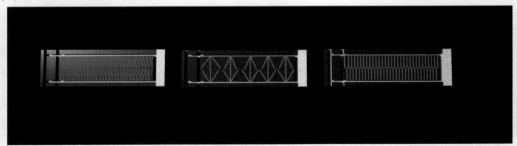

图 4-162　开采煤层瓦斯抽放

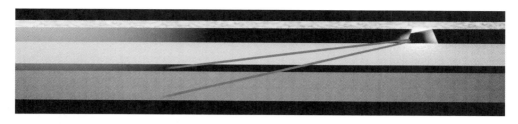

图 4-163 临近煤层瓦斯抽放

开采高瓦斯厚煤层时，瓦斯主要来自开采层本身，可从底板岩石巷道打钻穿透煤层，钻孔中插入钢管并将孔口周围密封，瓦斯从插管中抽出。

在多煤层矿井，用长壁工作面回采时，顶底板岩层和煤层（包括可采层与不可采层）卸压，瓦斯流动性增加，大量涌入工作面，危害生产，通常在回采前打钻孔到顶板或底板的邻近煤层，回采后瓦斯大量流入钻孔，通过孔口插管，将瓦斯抽出。

有的矿井采空区大量涌出瓦斯，可在采空区周围密闭墙上插入钢管，也可以从巷道向采空区打钻孔，抽放瓦斯。

在条件适宜时还可从地面钻孔抽放瓦斯，优点是不受井下采煤工作的限制和干扰，钻孔抽放工作可超前于采掘工作，抽放时间较充裕。缺点是钻孔较深，需排除孔内积水。

按与煤层开采的时间关系可分为：开采煤层瓦斯预抽、边采边抽、边掘边抽和采后抽采，如图 4-164~图 4-167 所示。

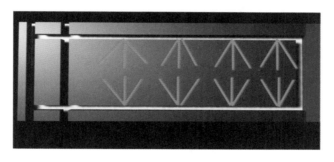

图 4-164 开采煤层瓦斯预抽

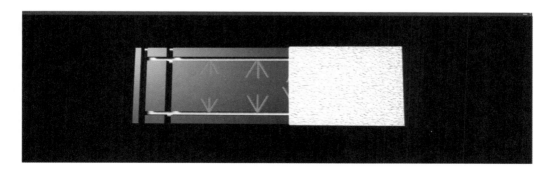

图 4-165 边采边抽

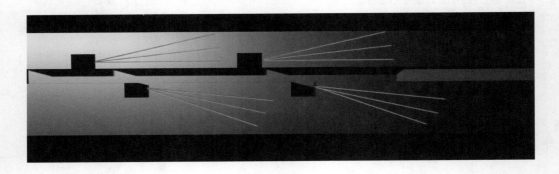

图 4-166　边掘边抽

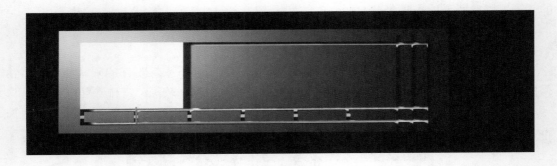

图 4-167　采后抽采

采前煤层瓦斯预抽是指对被保护煤层卸压后抽采和对临近层瓦斯预抽，以消除煤层突出危险性和防止临近层瓦斯涌入开采工作面。采前煤层瓦斯预抽的方法主要有地面钻井法和井下钻孔法等。

当没有充足的预抽时间，开采层瓦斯可采用边抽边采技术。边抽边采的方法主要有采面浅孔和上下巷顺层长钻孔抽采。

边掘边抽是指当煤层突出危险性大，而又不具备预抽条件时，在煤巷掘进过程中抽采巷道前方和两帮的卸压条带瓦斯。钻孔布置在卸压区内，一般在巷道两帮每隔一定距离左右开 2 个钻场，自钻场向迎头前方打钻抽采。

采后抽采主要指采空区抽采，目的是抑制瓦斯涌向工作面及其回风流中，防止瓦斯积聚和爆炸。采空区瓦斯抽采可分为对已封闭式采空区的抽采、采空区的半封闭式和生产开放采空区抽采。

按抽放瓦斯的原理可分为：未卸压煤层瓦斯抽放和卸压煤层瓦斯抽放，如图 4-168 和图 4-169 所示。

按瓦斯抽采的工艺插（埋）管抽放瓦斯方式可分为：钻孔抽放瓦斯（图 4-170）、巷道抽放瓦斯（图 4-167）、插（埋）管抽放瓦斯（图 4-171）等。

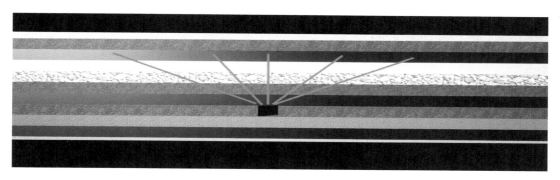

图 4-168　未卸压煤层瓦斯抽放

图 4-169　卸压煤层瓦斯抽放

图 4-170　钻孔抽放瓦斯

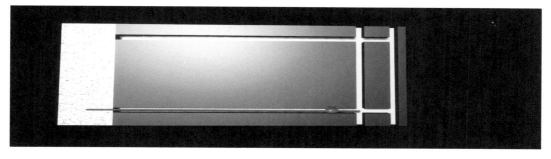

图 4-171　插（埋）管抽放瓦斯

思 考 题

1. 抽采瓦斯的目的是什么？
2. 瓦斯抽采系统包含哪些设备？
3. 简述瓦斯抽采的主要方法。

5 采掘生产系统

+++

　　本章提要：可视化展示综掘系统布置、综掘设备以及综掘机破煤、装煤、运煤、支护、喷雾除尘等全部工序联合作业过程，介绍综掘设备及工艺技术交互操作训练过程。可视化展示顶板、帮部锚杆网及锚索支护工艺技术及作业流程。

　　介绍综合机械化采煤工艺、综合机械化放顶煤工艺、矸石充填开采工艺、柱式采煤法、"三下一上"（建筑物下、铁路下、水体下和承压水体上）特采工艺等采煤工作面及设备布置方式、采煤技术要点及工艺流程，介绍采煤设备及工艺技术交互操作训练过程。

　　关键词：综合机械化掘进工艺；锚网索支护工艺；综合机械化采煤工艺；综合机械化放顶煤工艺；矸石充填开采工艺；柱式采煤法；"三下一上"特采工艺；采煤设备；交互操作训练

+++

5.1　综合机械化掘进工艺

5.1.1　基本概念

　　综掘工艺，是能够实现破煤、装煤、运煤、支护、喷雾除尘等全部工序联合作业的掘进形式，具有机械化程度高、施工速度快、效率高、对围岩破坏小和工作安全等优点，如图5-1~图5-3所示。

图 5-1　综掘工作面

　　煤巷综合机械化掘进作业线设备配置有两种。第一种作业线配套设备有悬臂式掘进机、单体锚杆钻机、桥式转载机、带式输送机、机载除尘设备，掘锚不能平行作业；第二种作业线设备有悬臂式掘进机、机载锚杆钻机、桥式转载机、带式输送机、机载除尘设备，有利于提高支护效率。

图 5-2　带式输送机

图 5-3　掘进机和桥式转载机

5.1.2　综掘机结构及操作方法

（1）掘进机组成部分。掘进机可分为截割部、铲板部、行走部、机架、后支撑部、第一输送机等几部分，如图 5-4 和图 5-5 所示。

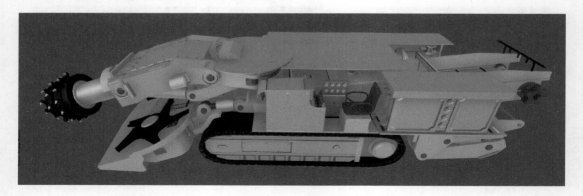

图 5-4　综掘机

（2）照明和喷雾。掘进作业时打开照明灯光和喷雾，如图 5-6 所示。

（3）掘进机的行走功能。掘进机靠行走部的液压马达通过减速机及驱动轮带动链实现

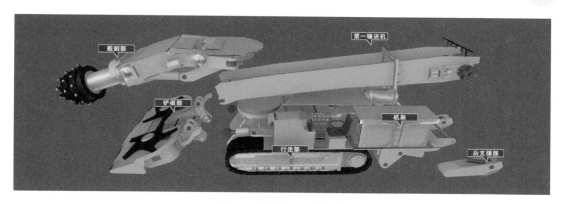

图 5-5 掘进机组成部分

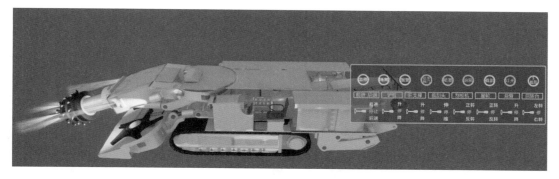

图 5-6 喷雾和照明

行走，如图 5-7 所示。由两个手柄来控制行走，左侧手柄控制左侧履带行走，右侧手柄控制右侧履带行走。行走方式为，点击前进按钮，左右手柄同时往前推，即向前行走。点击后退按钮，左右手柄同时往后拉，即后退行走。点击左转或右转按钮，两个手柄同时向相反的方向拉动，则会转弯。

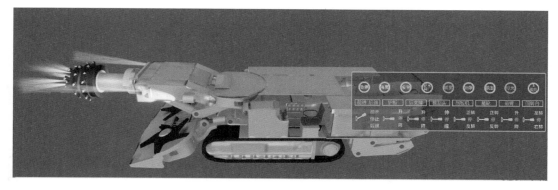

图 5-7 行走方式

（4）掘进机的截割功能。截割部由截割头、截割臂、截割减速器、机架及截割电机组成。按下截割按钮后，截割电机启动并通过行星减速器传动至截割臂主轴，主轴旋转带动截割头进行工作，如图 5-8 所示。

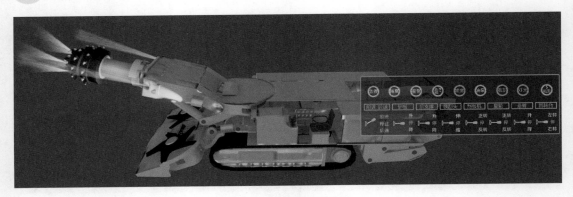

图 5-8　掘进机截割功能

（5）悬臂上升或下降。点击悬臂上升或下降按钮，悬臂则会在液压缸的伸缩作用下实现上升和下降动作，如图 5-9 所示。

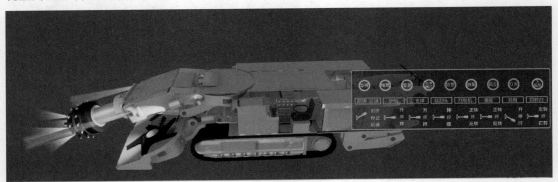

图 5-9　悬臂下降

（6）截割头伸缩。点击截割头伸缩按钮，截割头会在内部油缸的伸缩作用下，进行伸缩动作，如图 5-10 所示。

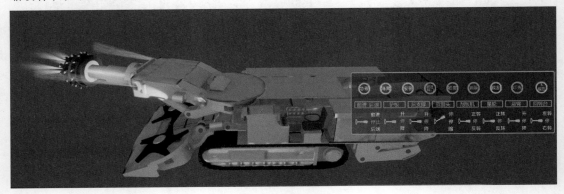

图 5-10　截割头伸出

（7）悬臂左/右转动。操纵回转台左转动或右转动手柄，在回转油缸伸缩作用下，回转台带动截割部实现左右摆动功能，如图 5-11 所示。

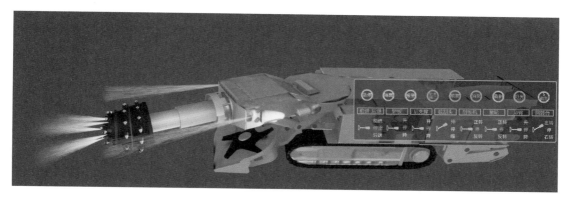

图 5-11　悬臂左右转动

（8）掘进机装载功能。铲板部是由主铲板、侧铲板、铲板驱动装置、从动轮装置等组成。操纵行星轮转动手柄，则会启动两个液压马达，带动弧形三齿星轮，把截割下来的物料装到第一运输机内，如图 5-12 所示。

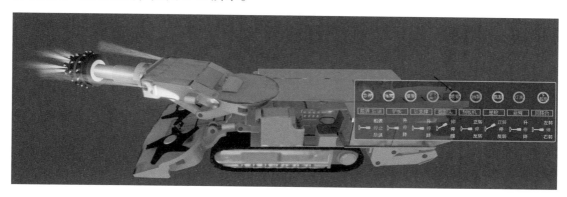

图 5-12　掘进机装载

（9）掘进机转载功能。第一运输机体位于机体中部，是种双链式刮板运输机，通过操纵第一输送机手柄，启动第二液压马达直接驱动链轮，带动刮板链组实现物料运输，如图 5-13 和图 5-14 所示。

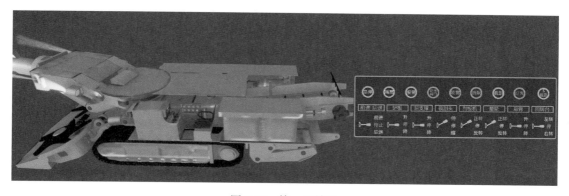

图 5-13　第一运输机

图 5-14　掘进机转载

（10）掘进机后支撑功能。后支撑是为了减少截割时机体的振动，提高工作稳定性，并防止机体横向滑动。在后支撑支架两边各装有一只油缸，通过控制后支撑手柄，利用油缸实现支撑与收缩动作，如图 5-15 所示。

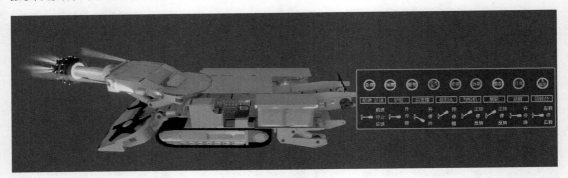

图 5-15　掘进机后支撑

5.1.3　掘进方法

5.1.3.1　掘进机司机操作流程

（1）检查综掘机前方及转载两侧无人，将开关手把扳到正转送电位置准备开机。

（2）打开进水阀门，检查综掘机的内外喷雾是否完好，并根据情况调节好供水流量。

（3）合上综掘机隔离开关，按警铃按钮发出警报。

（4）启动综掘机，按综掘机操作规定顺序进行切割。

（5）按切割顺序切割完成后，将综掘机退到安全地点，将铲板、切割头落地，所有操作阀、按钮置于零位，关闭喷雾。

（6）停止油泵，关闭供水系统，断开综掘机上的电源开关和磁力启动器的隔离开关并闭锁，等待下一循环操作，迎头可以进入人员进行支护。

5.1.3.2　掘进

掘进工作面截割时一人站在掘进机非操作侧急停按钮后监护，其余人员不得站在掘进机前方和两侧。截割深度原则上应根据作业规程规定的锚杆排距确定，但也必须结合工作面煤层软硬情况及时调整，截割宽度和高度必须依照激光线确定。综掘机截割头切割方法：顶板岩性好时，一般由巷道底部向顶板切割，煤层较软或破碎时可适当调整截割进尺深度。截割后先敲帮问顶，安全情况下进行超前支护，然后继续掘进，掘进到作业规程规定深度后方可挂网。掘进半煤岩巷道应先割煤后割岩，即先软后硬的原则。截割过程中，严格按照给定的中、腰线进行施工，掌握准确的截割范围，防止出现超挖欠挖的现象，根据不同性质的煤岩，必须确定不同的截割方式以及合适的进刀深度。工作面帮角必须截割到位，落煤通过截割头和掘进机把爪耙入掘进机刮板机。掘进机截割完后，应将截割头落地并停电闭锁。敲帮问顶后应用十字镐将帮顶修平修整，使巷道断面达到设计要求。

5.1.3.3 综掘系统的形成

按综掘工作面设计，先采用炮掘方法掘出一段距离的巷道，然后安装综掘机、桥式胶带转载机、可伸缩式胶带输送机，形成综掘系统的供电系统，供水系统，压风系统，排水系统，监测监控系统，通风系统，胶带、轨道运输系统，然后进行单机、联合试运转，安装验收合格后，移交综掘区队准备施工，如图5-16~图5-24所示。

图 5-16　安装综掘机

图 5-17　桥式胶带转载机

图 5-18　可伸缩式胶带输送机

图 5-19　供电系统

图 5-20　供水、压风、排水系统

图 5-21　监测监控系统

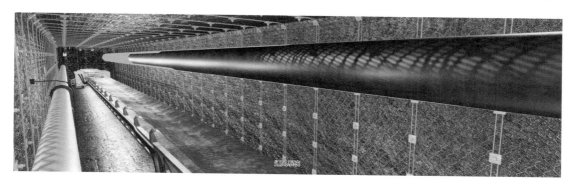

图 5-22 通风系统

图 5-23 胶带、轨道运输系统

图 5-24 准备施工

5.1.4 掘进工艺

综掘队职工到达综掘工作面，在检查工作面支护、风量、瓦斯一切正常后，开始掘进。顺序启动胶带运输系统，然后开启掘进机馈电开关，供上电后，按顺序启动掘进机，启动顺序为：合上隔离开关→打开照明灯光→发出报警→打开进水阀门→开启油泵→启动第一运输机→启动星轮→抬起截割头→开启喷雾装置→启动截割，然后掘进机严格按作业规程规定的进刀图表作业，"S"形切割完整个断面，如图 5-25～图 5-37 所示。

图 5-25　安全检查

图 5-26　启动胶带运输系统

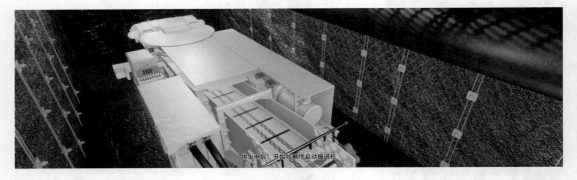

图 5-27　掘进机供电

图 5-28　合上隔离开关

图 5-29　打开照明灯光

图 5-30　报警、打开进水阀门、油泵

图 5-31　启动第一运输机

图 5-32　启动星轮

图 5-33 抬起截割头

图 5-34 开启喷雾装置

图 5-35 启动截割

图 5-36 掘进机切割

图 5-37 "S"形切割完整个断面

掘进机破煤时是连续工作的,要求装、运工作必须与其相适应。掘进机截割头切割下的煤岩,由掘进机前面的星轮和耙爪装载,进入掘进机体下面的输送机,通过输送机进入桥式胶带转载机,再通过可伸缩式输送机把煤运出,如图 5-38~图 5-40 所示。

图 5-38 截割破煤连续工作

图 5-39 煤通过输送机进入桥式胶带转载机

截割和支护两大工序交替进行。工作面掘进每完成一个循环进尺需要支护时,停止截割落煤,掘进机稍向后退一段距离,进行敲帮问顶,随后对顶板和两帮进行锚网支护。施工过程中进行安全、质量、进尺检查,完成当班掘进、支护循环个数。当班工作结束时,停止综掘机运转,反启动顺序停止掘进系统设备,整理施工现场,与下一班进行交接班,如此循环交替直至巷道完工,如图 5-41~图 5-45 所示。

通过可伸缩带式输送机把煤炭运出，完成运输工作

图 5-40 可伸缩带式输送机把煤运出

进行截割向顶，随后对巷道两侧及顶部进行支护工作

图 5-41 停机支护

进行截割向顶，随后对巷道两侧及顶部进行支护工作

图 5-42 巷道两侧及顶部支护

施工过程中进行安全、质量、进尺检查

图 5-43 安全、质量、进尺检查

图 5-44　停止综掘机运转

图 5-45　停止掘进系统设备

5.1.5　交互操作训练

（1）开启皮带机。顺序为：喷雾→报警→启动→关报警，如图 5-46 所示。

图 5-46　开启皮带机

（2）开启过桥式转载机。顺序为：喷雾→报警→启动→关报警，如图 5-47 所示。

（3）掘进机割煤。掘进机合上隔离开关，打开照明灯光→报警→关闭报警→打开进水阀门→开启油泵→开启刮板→星轮正转。悬臂升起→开启喷雾→启动截割→开始"S"形截割。关闭"S"形截割→关闭截割→关闭喷雾→星轮停转→刮板机停转→收起后支撑→抬起铲板。掘进机后退→铲板下降→悬臂下降→关闭油泵→关闭进水阀门→关闭灯光→断开隔离开关，如图 5-48～图 5-53 所示。

图 5-47　过桥式转载机

图 5-48　开启掘进机

图 5-49　悬臂升起

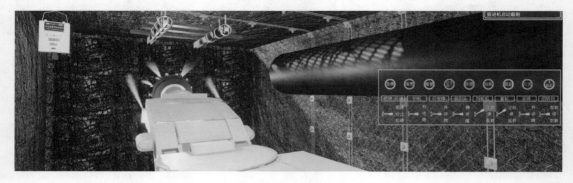

图 5-50　喷雾

图 5-51 "S"形截割

图 5-52 关闭截割

图 5-53 掘进后退

（4）接下来关闭桥式皮带机、皮带机、过桥式转载机，如图 5-54~图 5-56 所示。

图 5-54 关闭桥式皮带机

图 5-55 关闭皮带机

图 5-56 关闭过桥式转载机

思 考 题

1. 简述煤巷综合机械化工艺的基本概念和掘进作业线设备配置方式。
2. 说明综掘机的组成结构和主要功能。
3. 简述综掘工艺基本流程。

5.2 锚网索支护工艺

5.2.1 基本概念

锚网支护,是以锚杆为主要材料,护网等为辅助材料,对围岩进行加固,改变围岩的结构和物理力学性质,阻止围岩变形与破坏的一种巷道支护方式。锚固剂的主要作用是将钻孔孔壁岩石与杆体黏结在一起,给锚杆提供一个着力段,使锚杆发挥支护作用。同时锚固剂也具有一定的抗剪与抗拉能力,与锚杆共同加固围岩。锚索的主要作用,一是将锚杆支护形式的预应力承载结构与深部围岩相连,提高预应力承载结构的稳定性,同时充分调动围岩的承载能力,使更大范围内的岩体共同承载;二是锚索加较大的预紧力,给围岩提供压应力,与锚杆形成的压应力区组合成骨架网状结构,主动支护围岩,保持其完整性。

影响锚杆支护的因素有锚固层、锚杆选择、锚杆孔大小和深度、布置样式、安装时间、张力等。与棚式支架支护相比，锚杆支护的优点有主动控制围岩，显著提高了巷道支护效果；降低了巷道支护成本；减轻了工人劳动强度；简化了采煤工作面端头支护和超前支护工艺，改善了作业环境，保证了安全生产，为采煤工作面的快速推进创造了良好条件。传统的锚杆支护理论有悬吊理论、组合梁理论、最大水平应力理论、围岩松动圈理论、围岩强度强化理论等。锚杆的种类，按锚固方式可分为机械式、黏结式、混合式；按锚杆长度分为端部锚固、加长锚固、全长锚固；按锚杆材质可分为金属锚杆、非金属锚杆、复合型锚杆。

　　锚网索支护工艺流程可分为顶板锚杆网支护流程、帮部锚杆网支护流程和顶板锚索支护流程，如图 5-57~图 5-59 所示。

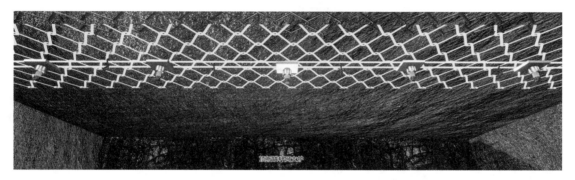

图 5-57　顶板锚杆网支护

图 5-58　帮部锚杆网支护

图 5-59　顶板锚索支护

5.2.2 顶板锚杆网支护工艺流程

当掘进机完成一个循环进尺后，掘进机停机并后退 5m 左右距离。移设前探梁，先将钢筋梯托梁用铁丝固定在金属网上，然后铺设金属网和钢筋梯托梁，并与临网进行联网，再用木料刹紧顶板，如图 5-60~图 5-65 所示。

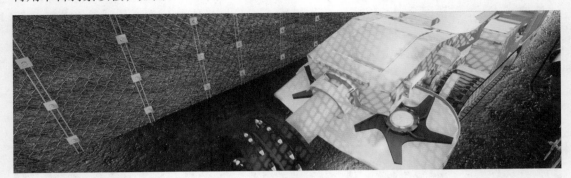

图 5-60　掘进机停机后退

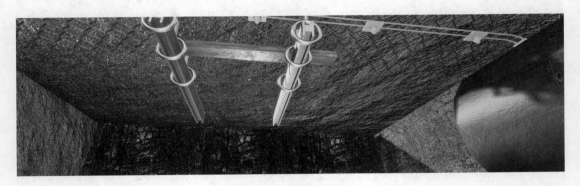

图 5-61　移设前探梁

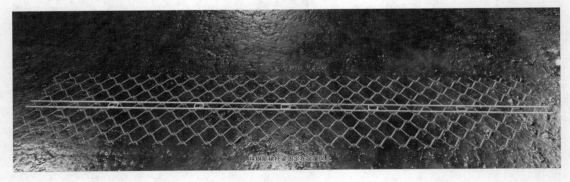

图 5-62　将钢筋梯托梁固定在金属网上

接着打顶板锚杆钻孔。先在钻机端头安装钻杆和钻头，钻机气腿慢慢升起，钻头对准眼位顶紧，开启钻机，钻杆旋转钻入顶板，如图 5-66~图 5-68 所示。

图 5-63　铺设金属网和钢筋梯托梁

图 5-64　与邻网连接

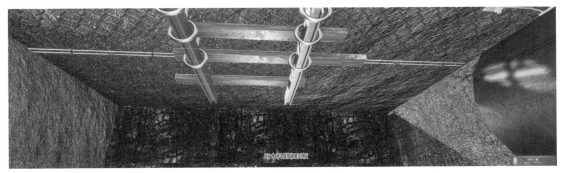

图 5-65　用木料刹紧顶板

图 5-66　钻机端头安装钻杆

图 5-67　钻杆端头安装钻头

图 5-68　开启钻机，钻杆旋转钻入顶板

　　第一根钻杆钻入顶板后，操作钻机从钻孔抽出钻杆，拔出钻杆，拿出第二根钻杆用连接套连接，并把第二根钻杆与钻机固定，继续向上打钻，如图 5-69~图 5-72 所示。

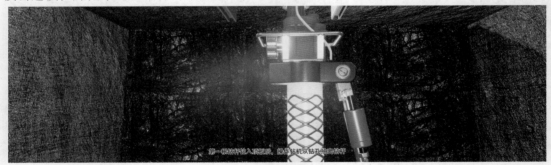

图 5-69　第一根钻杆钻入顶板

图 5-70　取出第一根钻杆

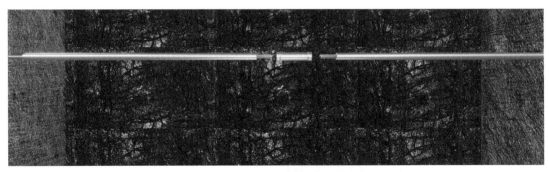

图 5-71　用连接套连接第二根钻杆

图 5-72　第二根钻杆与钻机固定，继续向上打钻

打完钻孔后，进行清孔，插入树脂锚固剂并插入锚杆，用锚杆将锚固剂推送到孔底，如图 5-73 和图 5-74 所示。

图 5-73　锚固剂

图 5-74　用钻杆将锚固剂推送到孔底

用顶板锚杆钻机配专用搅拌器旋转锚杆搅拌树脂锚固剂至规定时间。停止搅拌等待1min左右，拧紧螺母，拧紧力矩要求不小于100N·m，如图5-75~图5-77所示。

图 5-75　配专用搅拌器旋转锚杆搅拌树脂锚固剂

图 5-76　停止搅拌等待 1min 左右

图 5-77　拧紧螺母

5.2.3　帮部锚杆网支护工艺流程

帮部锚杆网支护与顶板锚杆网支护同时进行。将钢筋梯托梁固定在金属网上，然后铺设金属网和钢筋梯托梁，与顶网和邻网进行联网，如图5-78和图5-79所示。

用帮部锚杆钻机先施工锚杆钻孔，如图5-80~图5-82所示。

图 5-78　铺设金属网和钢筋梯托梁

图 5-79　与顶网和邻网连接

图 5-80　帮部锚杆钻机施工锚杆钻孔

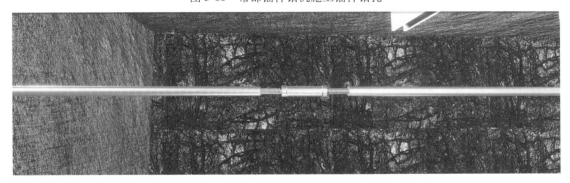

图 5-81　连接第二根钻杆

图 5-82   继续施工钻孔

打完钻孔后，进行清孔，插入树脂锚固剂并插入锚杆，用锚杆将锚固剂推送到孔底，用帮锚钻机配专用搅拌器旋转锚杆搅拌树脂锚固剂至规定时间，如图 5-83~图 5-85 所示。

图 5-83   插入锚固剂

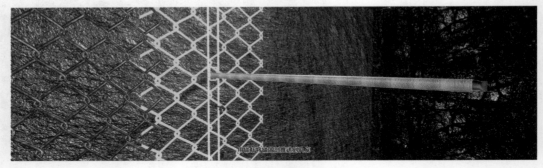

图 5-84   用锚杆将锚固剂推送孔底

图 5-85   帮锚杆钻机旋转锚杆搅拌锚固剂

停止搅拌等待 1min 左右，上锚杆托板和螺母，用气动扳机拧紧螺母，使力矩达到要求，再由上而下按顺序完成顶板与侧帮所有支护任务，如图 5-86~图 5-88 所示。

图 5-86　停止搅拌等待 1min 左右

图 5-87　拧紧螺母

图 5-88　按顺序完成顶板与侧帮所有支护任务

5.2.4　顶板锚索支护流程

先用顶板锚索钻机施工锚索钻孔，直至孔深满足锚索支护要求。打完钻孔后进行清孔，如图 5-89 所示。

插入树脂锚固剂并插入锚索（见图 5-90），用锚索将锚固剂推送到孔底（见图 5-91）。用钻机配专用搅拌器旋转锚索搅拌树脂锚固剂至规定时间（见图 5-92）。

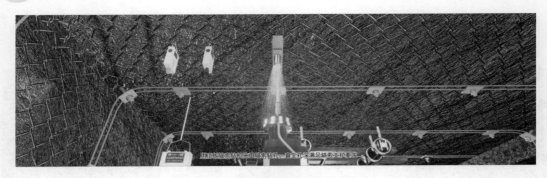

图 5-89　顶板锚索钻机施工锚索钻孔

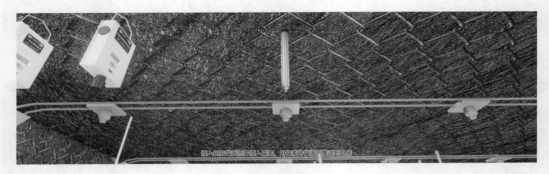

图 5-90　插入树脂锚固剂

图 5-91　锚索将锚固剂推送到孔底

图 5-92　钻机配专用搅拌器旋转锚索搅拌树脂锚固剂

　　停止搅拌，等待 16min 后，卸下钻机和搅拌器，安装槽钢托梁、托板和锚具，如图 5-93 和图 5-94 所示。

图 5-93　停止搅拌，等待 16min

图 5-94　安装槽钢托梁、托板和锚具

然后，使用张拉千斤顶张拉锚索至设计预应力，如图 5-95 和图 5-96 所示。

图 5-95　张拉千斤顶张拉锚索

图 5-96　使用张拉千斤顶张拉锚索至设计预应力

最后，使用压力剪剪掉锚索尾部超长部分，如图 5-97 所示。

图 5-97　剪掉锚索尾部超长部分

思 考 题

1. 简述顶板锚杆网支护工艺流程。
2. 简述帮部锚杆网支护工艺流程。
3. 简述顶板锚索支护流程。

5.3　综合机械化采煤工艺

5.3.1　综采基本概念

综合机械化采煤工艺，是指用机械方法破煤、刮板输送机运煤和自移式液压支架支护顶板的采煤工艺，实现采煤过程中破煤、装煤、运煤、支护和处理空区等主要工序全部实现机械化，简称"综采"。综采工作面的主要设备是采煤机、自移式液压支架、可弯曲刮板输送机。

综采工作面一般采用双滚筒采煤机，各工序简化为割煤、移架和推移刮板输送机。采煤机骑在输送机上割煤和装煤，一般前滚筒割顶煤，后滚筒割底煤。液压支架与工作面刮板输送机之间用千斤顶连接，可互为支点以实现推移刮板输送机和移架。移架时，支柱卸载，顶梁脱离顶板或不完全脱离顶板，移架千斤顶收缩、支架前移，而后支柱重新加载支护新位置处的顶板。推移刮板输送机时，移架千斤顶重新伸出，将刮板输送机推向煤壁。

割煤后可及时依次移设液压支架和输送机，也可以先逐段依次推移输送机，再依次移设液压支架。

滚筒采煤机每割一刀煤之前，必须使其滚筒进入煤体。进刀是指滚筒切入煤壁，进入下一截深的切割作业。滚筒采煤机一般以输送机机槽为轨道，沿工作面运行割煤，其自身无进刀能力，只有与推移输送机工序相结合才能进刀。斜切进刀，是指采煤机沿着未推向煤壁的刮板输送机运行至推向煤壁的刮板输送机过程中切入煤壁，并与直线段刮板输送机配合的截割作业。端部斜切进刀，是指进刀位置或刮板输送机弯曲段设定在工作面上下端部的进刀。

采煤机及与其他工序的合理配合，称为采煤机割煤方式。采煤机的割煤方式可分为单向割煤和双向割煤两种。采煤机单向割煤的特点是：采煤机单程割煤、回程装煤和空行，沿工作面往返一次进一刀。采煤机双向割煤的主要特点是：采煤机沿工作面不论上行或下行都一次采全高，并同时完成推移输送机、支架等一个采煤循环的全过程，采煤机沿工作面往返一次进两刀，完成两个采煤循环。优点是：能充分发挥采煤机的效能，提高工作面生产效率。

采煤机滚筒在落煤的同时，利用滚筒的螺旋叶片和滚筒旋转的抛掷作用，把煤直接装入刮板输送机上，由刮板输送机运出。

井下生产时，按综采工作面设计，掘进队伍施工完工作面巷道，经验收合格后，移交工作面安装队伍。依据综采工作面安装措施，安装综采支架（中部架、过渡架、端头架、迈步架、单体支柱）、刮板运输机、采煤机、转载机、破碎机、胶带输送机、乳化液泵站、电气设备（移动变电站、配电箱、集中控制台）等设备设施，形成综采工作面供电系统，供液系统，供水系统，压风系统，排水系统，监测监控系统，通风系统，胶带，轨道运输系统，通讯照明系统等，如图 5-98 所示。然后，进行单机、联合试运转及安装验收合格后，移交综采队伍。综采队伍依据批准的综采工作面作业规程进行生产。

图 5-98 综采工作面

5.3.2 采煤机

5.3.2.1 采煤机的组成结构

滚筒采煤机一般由电动机、截割部、行走部和辅助装置等组成，如图 5-99 和图 5-100

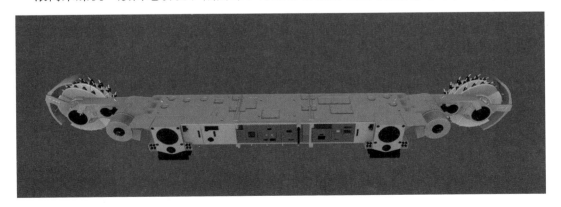

图 5-99 采煤机

所示。主要运行方式包括：采煤机左右行走、采煤机滚筒截割、采煤机摇臂升降。

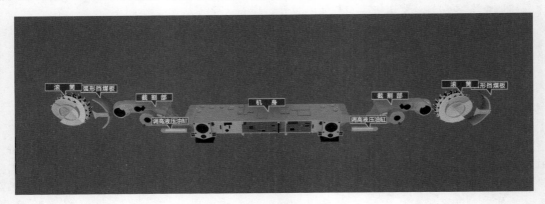

图 5-100 采煤机构组成部分

5.3.2.2 采煤机左右行走

采煤机行走部担负着移动采煤机使工作机构实现连续割煤或调动任务。它包括行走机构（又称牵引机构）和行走驱动装置两部分。行走原理为采煤机开启后，操作控制面板上左牵引或右牵引按钮，采煤机行走部装置开始工作，将电动机的电能转换为驱动齿轮的机械能，然后牵引机构开始工作。牵引机构是协助采煤机沿采煤工作面行走的装置，即当牵引机构的驱动齿轮转动时，它会带动齿轨轮转动，经齿轨轮和销轨啮合从而驱动采煤机，如图 5-101 和图 5-102 所示。采煤机在两侧的导向滑靴的导向作用和平滑靴的支撑作用下，

图 5-101 采煤机底部

图 5-102 采煤机行走机构

沿刮板输送机正向或反向移动。

5.3.2.3　采煤机滚筒截割

采煤机截割部的主要功能是完成工作的割煤和装煤，如图 5-103 所示。由左右截割电动机、左右摇臂减速箱、左右滚筒、冷却系统、内喷雾系统和弧形挡板等组成。操作控制面板上左滚筒或右滚筒截割按钮，采煤机截割部传动装置开始工作，将截割电动机的电能转换为机械能传递至摇臂减速箱，摇臂减速箱再传递至滚筒内部的行星齿轮减速箱，最终行星齿轮减速箱带动滚筒转动，以满足转速与转矩的要求。

图 5-103　采煤机截割部

5.3.2.4　采煤机左右摇臂

采煤机左右摇臂，左右连接架用销轴与左右行走部铰接，通过左右连接架与调高液压缸铰接，如图 5-104 所示。采煤机开启后，操作控制面板上左摇臂或右摇臂升降按钮，可控制调高液压缸的伸缩，从而实现摇臂的升降，以适应不同煤层厚度的变化。

图 5-104　采煤机摇臂

5.3.3　综采工艺交互操作

采煤工作面选用 MG600/1160-WD 型电牵引采煤机。采煤机采用端头斜切进刀方式，双向割煤，滚筒截深 800mm。利用采煤机的螺旋式滚筒配合刮板运输机铲煤板自动装煤。

采用 SGZ-1000/3×866 刮板运输机，顺槽运输采用一部 SZZ1200/626 桥式转载机、一部 PLM6000 破碎机、一部 DSJ160/300/3×660 胶带输送机运煤至大巷皮带。

采用 ZY10800/26/66 液压支架控制工作面顶板，端头采用 ZY10800/26/66T 端头支架及液压单体支柱进行支护。采用自然垮落法处理采空区顶板。

每班生产流程为：交接班后进行安全检查，顺序启动胶带运输系统、破碎机、转载机、刮板运输机，进行采煤机割煤、移架、推溜生产。生产过程中进行安全、质量、推进度和采高等检查。完成当班割煤循环个数，停止采煤机运转，反启动顺序停止采煤系统设备设施，整理施工现场，与下一班进行交接班。

（1）开启皮带机。打开喷雾、报警，启动皮带机，关闭报警，如图 5-105 所示。

图 5-105　皮带机开启

（2）开启破碎机。打开喷雾、报警，启动破碎机，关闭报警，如图 5-106 所示。

图 5-106　开启破碎机

（3）开启转载机。打开喷雾、报警，启动转载机，关闭报警，如图 5-107 所示。

图 5-107　开启转载机

（4）开启刮板输送机。解除刮板机闭锁，打开刮板机喷雾、报警，开启刮板机，关闭报警，如图 5-108 所示。

图 5-108 开启刮板输送机

（5）开启采煤机。闭合隔离开关，开启进水阀门，开启喷雾，开启报警，关闭报警，开启截割主电机，闭合左离合器，闭合右离合器，开启采煤机，如图 5-109 所示。

图 5-109 开启采煤机

（6）端部斜切进刀。升左滚筒，开左截割割顶煤。降右滚筒，开右截割割底煤。开左牵引，采煤机前行进刀，收起护帮板，进刀后继续前行割煤，如图 5-110～图 5-113 所示。

图 5-110 开启左牵引

（7）移直刮板输送机。采煤机割煤直至完全进入输送机直线段，当滚筒切入煤壁达到

图 5-111　收起护帮板

图 5-112　采煤机斜切进刀

图 5-113　进刀后向前割煤

规定截深时，推移输送机机头和弯曲段，使其成一直线，如图 5-114 所示。

图 5-114　移直刮板输送机

（8）回返割三角煤。采煤机回返割三角煤，右滚筒升起割顶煤，左滚筒下降割底煤，直到割通煤壁，如图 5-115 和图 5-116 所示。

图 5-115　采煤机回返割三角煤

图 5-116　割通煤壁

（9）采煤机正常割煤。采煤机左滚筒升割顶煤，右滚筒降割底煤，采煤机开始正常向前割煤，在采煤机向前运行过程中，采煤机前方液压支架提前 3~5 架收起护帮板，采煤机后方滞后采煤机 3~5 架支架进行移架推溜，打开护帮板。割下的煤经刮板输送机、顺槽皮带运出，如图 5-117~图 5-122 所示。

图 5-117　采煤机正常前行割煤

图 5-118　液压支架操作

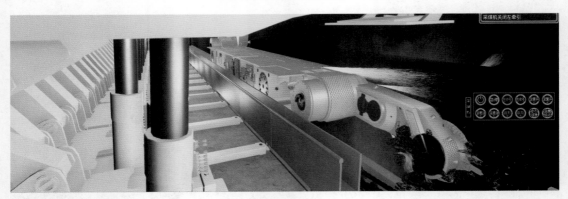

图 5-119　液压支架移架

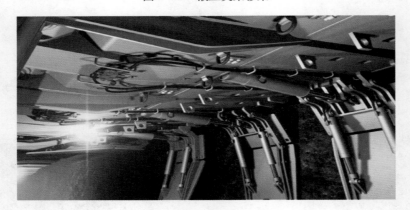

图 5-120　打开护帮板

　　（10）采煤机割煤至工作面下切口，停止作业。关闭左牵引→关闭左截割→关闭右截割→降左滚筒→关闭采煤机。左离合器分离→右离合器分离→关喷雾→关进水阀门→关闭截割主电机。采煤机关隔离主开关→关闭刮板输送机→闭锁刮板输送机→关闭转载机→关闭破碎机→关闭皮带机，如图 5-123～图 5-128 所示。

图 5-121 刮板输送机运煤

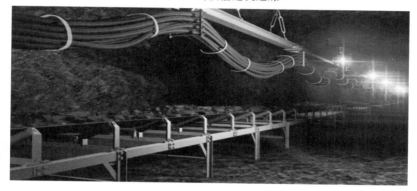

图 5-122 顺槽皮带运煤

图 5-123 关闭采煤机

图 5-124 关闭刮板输送机

图 5-125　闭锁刮板输送机

图 5-126　关闭转载机

图 5-127　关闭破碎机

图 5-128　关闭皮带机

思 考 题

1. 综采工作面需要安装哪些设备？
2. 说明综采工作面采煤机、液压支架、刮板输送机的配套工作原理。
3. 简述综合机械化采煤工艺过程。

5.4 综采放顶煤工艺

5.4.1 综放基本概念

综采放顶煤方法，是指通常情况下，在厚煤层中，沿煤层（或分段）底部布置一个采高 2~3m 的长壁工作面，用综合机械化采煤工艺进行回采，利用矿山压力的作用或辅以人工松动方法使支架上方的顶煤破碎成散体后由支架后方（或上方）放出，并予以回收的采煤方法，如图 5-129 和图 5-130 所示。

图 5-129 放顶煤采煤法

利用矿山压力的作用或辅以松动爆破

图 5-130 顶煤破碎成散体

综采放顶煤方法适用条件：

（1）煤层厚度以 8~10m 为佳。工作面采高与放顶煤厚度之比称为采放比，根据《煤矿安全规程》要求，采放比应控制在 1:1~1:3 之间。

（2）顶煤的硬度系数一般应小于 3。

（3）煤层埋深不宜小于 100m。

（4）硬夹石层厚度不宜超过 0.4m，顶煤中夹石层厚度占煤层厚度的比例也不宜超过 10% ~ 15%。

（5）煤层节理裂隙发育。

综采放顶煤工作面的主要设备是采煤机、自移式放顶煤液压支架、可弯曲刮板输送机等，从而使采煤过程中破煤、放煤、装煤、运煤、支护和处理采空区等主要工序全部实现机械化。

回风平巷主要用来回风和运输物料。运输平巷安装胶带运输机。工作面安装采煤机、综采放顶煤支架和前、后部刮板输送机，下端头向外安装装载机及破碎机，前刮板输送机把采煤机割下的煤运输到运输平巷铺设的转载机上（前刮板输送机同时也是采煤机的运行轨道），后刮板输送机把支架后部放出的煤也运输到转载机上，由转载机转到胶带运输机。运输平巷铺设的胶带运输机把转载机转过来的煤运输到下巷外口的溜煤眼，由大巷胶带运输机运走。

综采放顶煤的工艺流程包括采煤机割煤、装煤，拉移支架，推移前部刮板输送机，操纵支架尾梁及收缩插板放煤，拉移后部刮板输送机，后方顶板自行垮落等。

根据放顶煤支架形式不同，主要有高位、中位和低位 3 种形式。高位即在支架主顶梁开天窗放煤，中位即在支架掩护梁开窗放煤，低位即在支架尾梁安设插板，通过摆动尾梁和伸缩插板放煤。双输送机低位放顶煤支架是目前现场主要使用的支架，其主要优点是顶梁较长，一般有铰接前梁、伸缩梁和护帮板，控顶距大，可提高冒放性，有利于中硬顶煤破碎。使用插板机构低位放顶煤，后输送机铺在底板上，使放煤口加大且位置降低，能够最大限度地回收顶煤，采出率高，放煤时煤尘小。

在采煤机落煤后，距后滚筒 5m 后及时追机移架后推前刮板输送机，推前部前刮板输送机要保证足够截深，弯曲长度一般大于 15m。移架滞后采煤机最大距离不大于 15 架。移架后必须及时伸出支架伸缩梁、护帮板，有效控制顶板和煤壁，保持顶板完整和全封闭顶板管理。

放顶煤工作面每一循环沿后部输送机进行的放煤顺序、次数、同时打开的放煤口数和放煤量的配合方式，称为放煤方式。

相邻两放煤口放煤时，放煤口上部散体煤的放出椭球体、放出漏斗运动规律将互相影响，必然会在一定程度上影响煤炭采出率和含矸率，放煤方式不同，影响程度不同。

打开放煤口，一次将能放的煤全部放完，称单轮放煤；每架支架的放煤口需打开多次才将顶煤放完的，则称多轮放煤。

放煤方式可分为顺序放煤和间隔放煤。顺序放煤，是指按支架排列顺序，如第 1 架、第 2 架、第 3 架……依次打开放煤口放煤的方式；间隔放煤，是指按支架排列顺序每隔 1 架或多架，如第 1 架、第 3 架、第 5 架……或第 1 架、第 4 架、第 7 架……依次打开放煤口放煤的方式。

（1）单轮顺序放煤，是指从端头处可以放煤的第 1 架支架开始放煤，一直放到放煤口见矸，煤放完后关闭放煤口，再打开第 2 架支架的放煤口，以此类推。该放煤方式操作简单、容易掌握，放煤速度较快。

（2）多轮顺序放煤，原始煤岩分界面在放煤过程中能均匀下降，第一放煤漏斗的矸石不会很快进入第二放煤口，可减少煤中混矸，也可在一定程度上提高顶煤的放出率。多轮顺序放煤的主要缺点是每个放煤口必须打开多次才能将煤放完，总的放煤速度较慢；其次，要求每次均匀放出顶煤的 1/2 或 1/3，操作上难以掌握，若放煤不均匀，煤岩分界面下降就不均匀，这样就会增加混矸。

（3）单轮间隔放煤，是指间隔一架或多架支架打开一个放煤口，每个放煤口一次放完。该放煤方式扩大了放煤间隔，可避免邻近放煤漏斗中矸石进入放煤口，以减少混矸。

单轮间隔放煤便于增加出煤点和多口放煤，可提高工作面产量、平均顶煤回收率和加快放煤速度。单轮顺序放煤每次只有一个放煤口在工作，不能有效发挥放顶煤开采的优势，在后部运输机运输能力满足条件下，单轮间隔数可以同时安排两个甚至更多的放煤口同时作业，从而可缩短整个工作面放煤时间、提高设备开机率，达到高产高效目的。

放顶煤作业见矸关闭之后，拉后部刮板输送机。

循环放煤步距是指在工作面推进方向上，两次放顶煤之间工作面的推进距离。

5.4.2 综放工艺过程

沿煤层底板布置长度为 200m，采高 3m，煤层厚度为 9m，煤的硬度系数为 2.1，煤层倾角 3°的放顶煤工作面；采用双滚筒采煤机割煤，采煤机采高范围为 1.8~4m，截深 0.8m；采用低位放顶煤液压支架放煤，支架支护强度为 0.8MPa，适用于煤层厚度为 6~10m 的煤层；采用前、后两部刮板输送机运煤，设计长度为 200m，刮板链速为 1.3m/s；采煤机进刀方式为端部斜切进刀，放煤方式采用单轮间隔放煤，放煤步距为 0.8m，采放比为 1:2。

工作面选用 MXG-300/700WD 型双滚筒采煤机（滚筒截深 0.8m），ZFS6000/17/33 型低位放顶煤液压支架，支架前后各采用一部 SGZ-1000/3×855 刮板运输机（前溜装采下的煤，后溜装放下的煤）。顺槽运输采用一部 SZZ1200/525 桥式转载机、一部 PLM4000 破碎机、一部 DSJ140/300/3×560 胶带输送机。

采煤机进刀方式为端部斜切进刀，割煤方式为双向割煤。进刀后正常向前割煤，左滚筒下降割底煤，右滚筒上升割顶煤。在采煤机向前运行过程中，采煤机前方液压支架提前 3~5 架收起护帮板，采煤机后方滞后采煤机 3~5 架支架进行推溜、带压移架，移架步距为 0.8m。放煤方式采用单轮间隔放煤，放煤步距为 0.8m。在放煤过程中，当放煤口有矸石出现时，关闭放煤口，液压支架成组从靠近采煤机至端头推溜，推前溜滞后采煤机后滚筒 15m 进行。滞后放煤 20m 进行拉后溜操作，后方顶板自行垮落，如图 5-131~图 5-143 所示。

图 5-131 端部斜切进刀

图 5-132 双向割煤方式

图 5-133 正常向前割煤

图 5-134 右滚筒上升割顶煤

图 5-135 收起护帮板

图 5-136 推溜、带压移架

图 5-137 移架步距 0.8m

图 5-138 单轮间隔放煤

5.4.3 综放工艺交互操作

（1）开启皮带机。流程为开喷雾，开报警，启动皮带机，关闭报警，如图 5-144 所示。

图 5-139 放煤步距 0.8m

图 5-140 关闭放煤口

图 5-141 液压支架成组推溜

图 5-142 推前溜

图 5-143 拉后溜

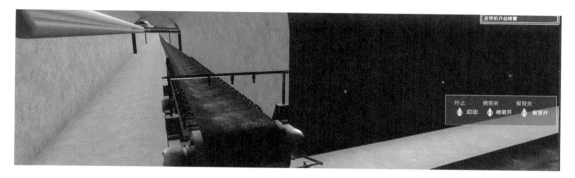

图 5-144 开启皮带机

（2）开启破碎机。流程为开喷雾，开报警，启动破碎机，关闭报警，如图 5-145 所示。

图 5-145 开启破碎机

（3）开启转载机。流程为开喷雾，开报警，启动转载机，关闭报警，如图 5-146 所示。

（4）开启前、后刮板输送机。解除闭锁，开喷雾，开报警，启动刮板输送机，关闭报警，如图 5-147 所示。

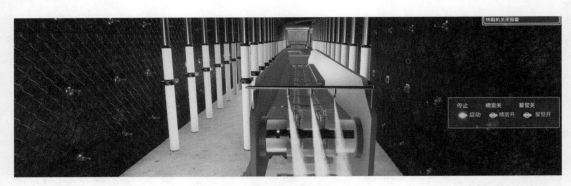

图 5-146   开启破碎机

图 5-147   开启刮板输送机

（5）开启采煤机。流程为：采煤机闭合隔离开关→开启进水阀门→开启喷雾→开启报警→关闭报警→开启截割主电机→闭合左离合器→闭合右离合器→开启采煤机，如图 5-148 所示。

图 5-148   开启采煤机

（6）端部斜切进刀。升左滚筒，开左截割割顶煤。降右滚筒，开右截割割底煤。开左牵引，采煤机前行进刀，收起护帮板，进刀后继续前行割煤，如图 5-149～图 5-152 所示。

（7）移直刮板输送机。采煤机割煤直至完全进入输送机直线段，当滚筒切入煤壁达到规定截深时，推移输送机机头和弯曲段，使其成一直线，如图 5-153 所示。

图 5-149　开启左牵引

图 5-150　收起护帮板

图 5-151　斜切进刀

图 5-152　采煤机割煤

图 5-153　移直刮板输送机

（8）回返割三角煤。采煤机回返割三角煤，右滚筒升起割顶煤，左滚筒下降割底煤，直到割通煤壁，如图 5-154 和图 5-155 所示。

图 5-154　回返割三角煤

图 5-155　割通煤壁

（9）采煤机正常割煤。采煤机割通煤壁回返，左滚筒升割顶煤，右滚筒降割底煤，开始正常向前割煤。在采煤机向前运行过程中，采煤机前方液压支架提前 3~5 架收起护帮板，采煤机后方滞后采煤机 3~5 架支架进行推移刮板版输送机、带压移架，移架步距为 0.8m，如图 5-156~图 5-159 所示。

（10）放顶煤操作。放煤方式采用单轮间隔放煤，放煤步距为 0.8m。收起液压支架尾梁插板，顶煤放出，并由后部刮板输送机运出。在放煤过程中，当放煤口有矸石出现时，

图 5-156 采煤机回返

图 5-157 前行割煤

图 5-158 推移刮板输送机

图 5-159 液压支架移架

关闭放煤口。滞后放煤 20m 进行拉后部刮板输送机操作，如图 5-160～图 5-163 所示。

图 5-160　液压支架准备收尾梁插板

图 5-161　液压支架收尾梁插板

图 5-162　放顶煤操作

图 5-163　拉后部刮板输送机

（11）当班作业结束。关闭采煤机左牵引→关闭左截割→关闭右截割→降左滚筒→关闭采煤机。左离合器分离→右离合器分离→关喷雾→关进水阀门→关闭截割主电机→采煤机隔离主开关。关闭前部刮板输送机，闭锁前部刮板输送机，关闭后部刮板输送机，闭锁后部刮板输送机，关闭转载机→关闭破碎机→关闭皮带机，如图 5-164～图 5-169 所示。

图 5-164　关闭采煤机

图 5-165　关闭前部刮板输送机

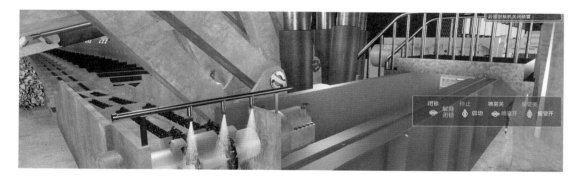

图 5-166　关闭后部刮板输送机

图 5-167　关闭转载机

图 5-168　关闭破碎机

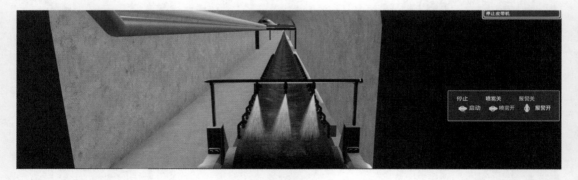

图 5-169　关闭皮带机

思 考 题

1. 简述综放工作面配置的主要采煤设备。
2. 说明综放液压支架的类型和特点。
3. 说明综采放顶煤方法的基本特点和适用条件。
4. 简述综采放顶煤的工艺过程。

5.5 矸石充填采煤工艺

5.5.1 矸石充填采煤工艺简介

充填开采是煤矿绿色开采技术体系的主要内容之一，具有对岩层扰动小、控制岩层移动和地表沉陷的作用，是解决"三下一上"特采问题的有效途径。

充填采煤液压支架是长壁综合充填开发工艺的主要装备之一。它与采煤机、刮板输送机、矸石刮板输送机、夯实机配套使用，起着控制顶板、隔离围岩、维护作业空间的作用，与其他液压支架最大区别在于支架尾部增加矸石刮板输送机和夯实装置，如图5-170所示。

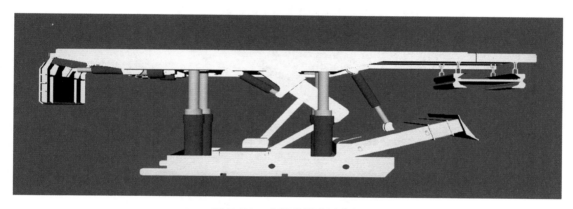

图 5-170 充填采煤液压支架

在自移式液压支架挡矸板后端增加后悬梁等配件，采用可调高挂链悬挂充填刮板输送机溜槽，悬挂是为了增加充填垂直高度。输送机中部溜槽按顺序连接，并与机头和机尾组成整部刮板输送机。每两节中部溜槽设置一个溜矸孔，溜矸孔开在溜槽的中板上。在溜矸帮上设置带插板的插槽，以控制矸石的充填顺序和充填范围。该充填系统相对简单、机械化程度高，产量较普采矸石充填量大，充填效果较好，但采充仍不能平行作业，需要的矸石量大，充填地点远时输送矸石的距离大。

5.5.2 矸石充填工艺过程

充填矸石刮板输送机通过吊挂链悬挂于充填液压支架的尾梁下面，同液压支架一起随工作面推进。充填工作在完成一刀采煤工作后进行，停止所有采煤工序，将支架移直后，通过千斤顶沿尾梁上的滑槽，液压支架逐节推出悬挂式矸石刮板输送机，最终将矸石刮板输送机推至平直，如图5-171~图5-173所示。

开启矸石刮板输送机机尾部的卸料孔，按先后次序开启矸石刮板输送机及物料转载机（上副巷矸石胶带运输机），充填顺序由转载皮带机将充填物料卸落在刮板输送机的机尾，由刮板链牵引向机头运动，如图5-174~图5-177所示。

图 5-171　采煤机割煤

图 5-172　上副巷矸石胶带运输机

图 5-173　液压支架逐节推出悬挂式矸石刮板输送机

图 5-174　开启矸石刮板输送机机尾部的卸料孔

图 5-175 按先后次序开启矸石刮板输送机

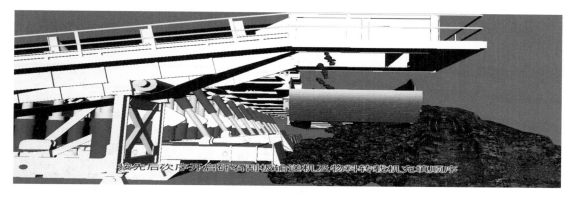

图 5-176 开启卸料孔

图 5-177 由刮板输送机机尾向机头方向进行

矸石充填材料经由卸料孔进入采空区，通过调节卸料孔的尺寸大小控制矸石填充情况，如图 5-178 和图 5-179 所示。

当前一个卸料槽卸料到一定量后，开启紧邻的一个卸料孔，随即关闭前一个卸料孔。在前一个卸料孔停止卸料后需要同时开启捣实装置，对充填材料进行夯实操作。沿工作面反复卸料、夯实操作直至采空区全部充满填充物，如图 5-180~图 5-182 所示。充填和夯实作业平行进行。

图 5-178   矸石充填材料经由卸料孔进入采空区

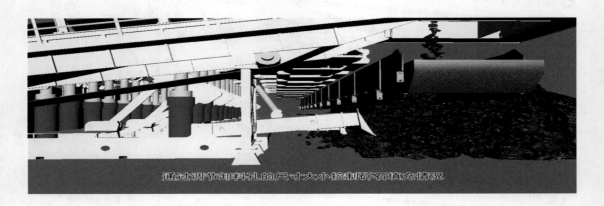

图 5-179   通过调节卸料孔的大小控制矸石填充情况

图 5-180   开启捣实装置

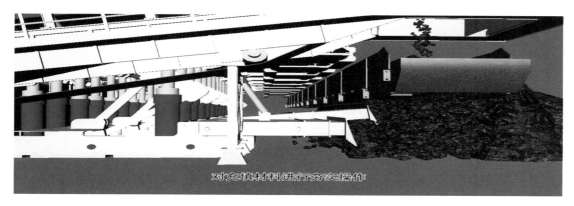

图 5-181　对充填料进行夯实操作

图 5-182　充满采空区

思 考 题

1. 说明矸石充填采煤液压支架的工作原理。
2. 简述矸石充填工艺过程。

5.6　柱式体系采煤法

5.6.1　柱式体系采煤法基本概念

　　柱式体系采煤法，是以间隔开掘煤房采煤和留设煤柱为主要标志，是指利用采场周边或两侧的煤柱支撑采空区顶板，采后不随工作面推进及时处理采空区的采煤方法。其特点是工作面较短，经常多工作面同时生产，生产时多采用串联通风，采煤工艺简单，运煤方向多垂直于工作面。柱式体系采煤法有两种基本类型，即房柱式和房式采煤法。

　　主要采煤设备是连续采煤机，通过截割滚筒的升降并配以履带行走机构的前进及后退来完成截割循环。根据运煤设备不同，分为三种配套方式：（1）连采机与运煤车配套；（2）连采机与梭车配套；（3）连采机与连续运输系统配套，从而实现连采连运。

适用条件：

（1）煤层埋深较浅，不宜超过 300~500m，煤层厚度 0.8~4.0m，近水平煤层。

（2）顶板中等稳定以上，底板坚硬，较平整，且干燥无积水。

（3）煤质中硬或中硬以上，没有坚硬的夹矸或较多的黄铁矿。

（4）瓦斯涌出量低，煤层不易自燃。

（5）单一煤层或非近距离煤层。

（6）采用平硐开拓的中小型矿井。

（7）大型和特大型矿井可采用房柱式和长壁综采工作面相配合的开采方法。

（8）开采"三下"压煤。

主要优点有：

（1）设备投资少。一般一套设备仅为长壁综采价格的 1/6~1/3。

（2）采掘设备相同，采掘合一。掘煤房即为采煤，建井工期短，出煤快，特别对于有煤层露头且用平硐开拓的矿井。

（3）设备运转灵活。多为胶轮或履带行走，自身搬迁、拆装方便，容易适应煤层变化，容易把不规则带、边角煤和断层切割区的煤回采出来。

（4）支护简单。以锚杆支护为主，大部分为煤层巷道，矸石量少，并可在井下处理。

缺点有：

（1）采出率低。一般为 50%~60%。

（2）通风条件差。进、回风并列布置，通风构筑物多，漏风大，管理困难，多头串联通风。

（3）对地质条件要求较严格。不适用于倾角大、厚度大以及顶板稳定性差的煤层，也不适用于近距离煤层群开采。

5.6.2 柱式体系采煤法采场布置及工艺过程

柱式体系采煤法就是在煤层中开采宽 5~9m 的煤房。煤房之间用联络巷相连，形成近似长方形的煤柱。煤柱宽度由数米到二十米不等。采煤在煤巷中进行，短工作面推进，如图 5-183~图 5-185 所示。

图 5-183 煤房

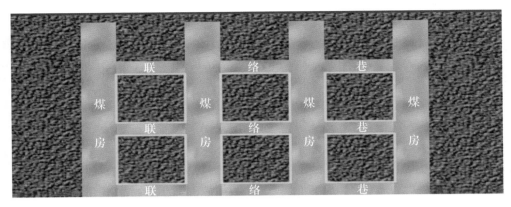

图 5-184 煤柱

图 5-185 采煤在煤巷中进行，短工作面推进

煤柱可以根据条件留下来不采，或者将煤房采完后再将煤柱尽可能采出。柱式体系采煤法的特点是将煤柱作为暂时或永久支撑物，因此其矿山压力显现比较和缓。随着煤房推进，可以只用较简单的支架或锚杆支护顶板，如图 5-186～图 5-188 所示。

图 5-186 煤柱作为暂时或永久支撑物

采场内布置进风巷道和回风巷道。采场内巷道之间每隔一定距离开掘联络巷，以满足梭车或蓄电池运煤车运输和通风安全的需要。巷道的宽度 5m，巷道间煤柱宽 20m，联络巷间距 30m，巷道间距 25m，如图 5-189～图 5-194 所示。

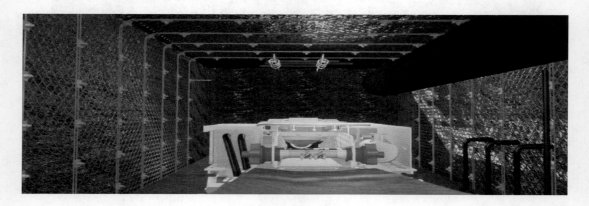

图 5-187　支护

图 5-188　简单支架或锚杆支护场景

图 5-189　采场布置回风巷和进风巷

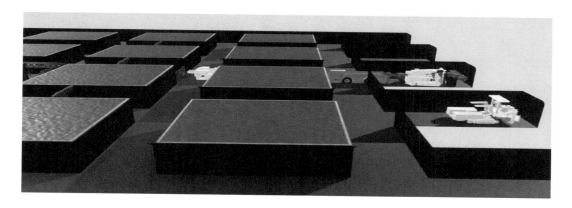

图 5-190　开掘联络巷

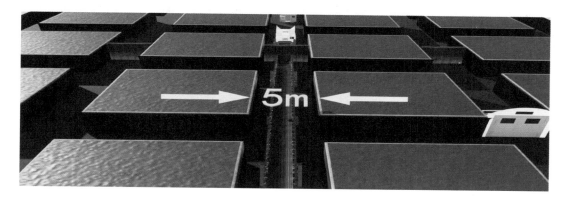

图 5-191　巷道宽度

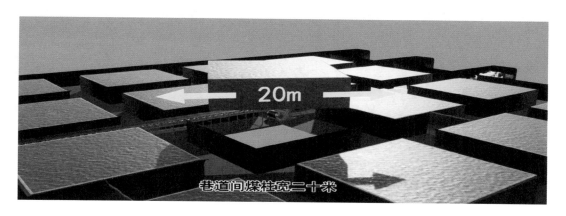

图 5-192　煤柱宽度

图 5-193　联络巷间距 30m

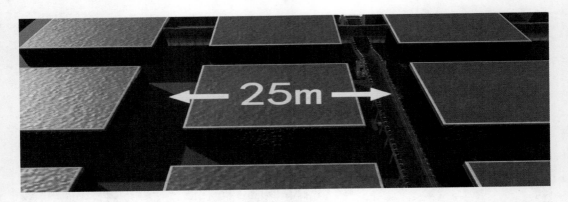

图 5-194　巷道间距 25m

采场中布置的设施设备有给料破碎机、带式输送机、永久风门、移动变电站、风帘、轨道等，如图 5-195~图 5-200 所示。

图 5-195　给料破碎机

图 5-196　带式输送机

图 5-197　永久风门

图 5-198　移动变电站

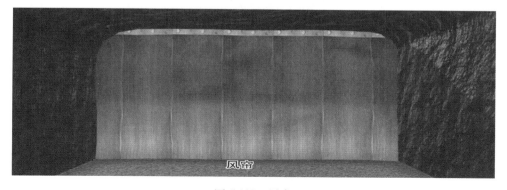

图 5-199　风帘

220

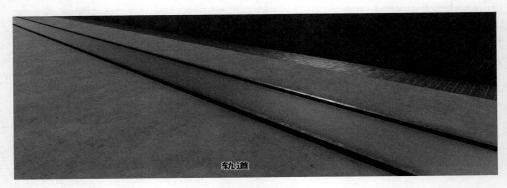

图 5-200 轨道

思 考 题

1. 简述柱式体系采煤法的适用条件。
2. 简述柱式体系采煤法的优、缺点。
3. 说明柱式体系采煤法的工艺过程。

5.7 "三下一上"采煤

"三下一上"采煤是指建筑物下、铁路下、水体下和承压水体上采煤，如图 5-201 所示。在建筑物下和铁路下采煤时，既要保证建筑物和铁路不受到开采影响而破坏，又要尽量多采出煤炭。在水体下采煤和承压水体上采煤时，要防止矿井发生突水事故，保证矿井安全生产。当然，在水库、蓄水池和运河等地面水体下采煤时，除要防止矿井发生突水事故外，还要保证它们不受到开采的影响而破坏。

图 5-201 地面水体下采煤

5.7.1 建（构）筑物下采煤

地下开采对地表建筑物的损害，主要是由采动引起的地表在垂直方向的移动和变形（下沉、倾斜、曲率、扭曲）、水平方向的移动和变形（水平移动、水平拉伸与压缩变形）以及地表平面内的剪切变形造成的，如图 5-202 所示。

采用合适的开采技术措施，可以有效减小或控制采动引起的地表移动和变形，以达到

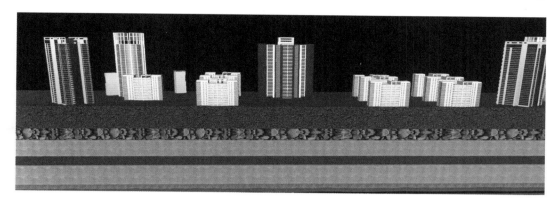

图 5-202　建筑物下采煤

保护建筑物的目的。

减少地表下沉及变形的开采技术措施有以下几种：

（1）采用充填采煤法采煤。采用充填法处理采空区，能够有效地减少地表下沉。

（2）采用条带采煤法采煤。条带采煤法，是将煤层划分成若干条带，然后相间地进行开采的一种采煤方法。采出条带开采后，由保留条带支撑顶板和上覆岩层，能有效减小地表移动和变形。

（3）覆岩离层带注浆减沉。利用煤层开采后覆岩断裂过程中形成的离层空间，借助高压注浆泵，从地面通过钻孔向离层带空间注入充填材料，以占据空间、支撑离层上位岩层，减缓岩层的进一步弯曲下沉，从而达到减缓地面下沉的目的。

（4）协调开采。协调开采，是指利用开采引起地表移动和变形的分布规律，通过合理的开采布局、开采顺序、方向、时间等途径以减少开采引起的地表变形。

（5）控制开采。控制开采包括限厚开采和间歇开采。限厚开采是指，在厚煤层开采条件下，限制一次开采煤层厚度，以减少地表的最大变形程度；间歇开采是指，在厚煤层分层开采或煤层群开采时，先采一个分层或煤层，待开采该层所引起的地表移动和变形趋于稳定后，再开采相邻的分层或煤层。

此外，还应在地面采取技术措施增大建筑物抗变形能力。

5.7.2　铁路下采煤

铁路下采煤，是指在保障铁路运输条件下，采用专门的技术和安全措施开采铁路下的煤层，如图 5-203 所示。

为保证铁路下采煤的安全，采取的技术措施主要有两类：开采措施和维修措施。开采措施是减小地表的移动变形和下沉速度；维修措施是消除开采对铁路线路的影响，保证铁路的安全运行。

开采措施包括采用充填开采、柱式开采减小地表移动变形；选取合理的开采方法和顶板管理方法防止地表突然下沉；合理地布置工作面，尽量不使线路与工作面斜交，使线路位于地表移动盆地的有利位置，减小线路的移动变形和维修工作量；控制工作面推进速度，减小地表下沉速度，以便及时维修。

主要维修技术措施：加宽、加高路基，保证路基的稳定性；用起道和顺坡的方法消除

图 5-203 铁路下采煤

地表下沉对线路的影响；用拨道、改道的方法消除横向水平移动对线路的影响；用串道的方法消除纵向水平移动变形对线路的影响，调整轨缝。

5.7.3 水体下采煤

水体下采煤，是指地表水体和地下水体下采煤（如图 5-201 所示）。

地表水体包括江河、湖海、水库等地表明水体。地下水体包括松散层含水体、基岩含水体和采空区积水。松散层水体包括第四纪和第三纪松散层中的含水。基岩含水层水体：砂岩、砾岩、砂砾岩及石灰岩岩溶含水层水体。采空区积水包括孔隙水、裂隙水及岩溶水。

在水体下采煤，要保证水库、蓄水池和运河等地面水体不受到开采的影响而破坏，同时要防止矿井发生突水事故，如图 5-204 所示。

要防止矿井发生突水事故

图 5-204 突水事故

水体下采煤主要考虑煤层与水体之间有无隔水层，开采后隔水层能否破坏，开采引起的上覆岩层裂隙是否波及水体。水体下采煤的主要对策是隔离和疏降。

水体下采煤的理论依据有"三带"理论和隔水层理论：

（1）"三带"理论，在开采煤层覆岩中形成的"三带"及其水体类型，是确定水体下安全开采的主要依据。对于地表水体，松散层和基岩中的强、中含水层，要求保护的水源等水体，不允许导水裂缝带波及，同时还需要有相应的保护煤（岩）柱。对于弱含水层水体，允许导水裂缝带波及含水层。对于极弱含水层水体或可以疏干的含水层，允许导水裂缝带进入，同时也允许垮落带波及。

（2）隔水层理论，水体底面与煤层之间应有相应厚度的隔水层，才能实现水体下安全采煤。隔水层的厚度取决于隔水层的隔水性能、物理力学性质、颗粒结构和需要隔水水体的类型。

水体下采煤的开采方案主要有以下几种：

（1）留安全煤（岩）柱顶水开采。顶水开采的实质就是留设安全煤（岩）柱，把上覆水体与开采形成的覆岩破裂带隔离开，以阻止上覆水体和泥沙溃入井下，从而达到安全开采的目的。

（2）疏干或疏降水体开采。疏降开采，是指利用矿井排水设备、巷道和钻孔，或两者结合的方法，疏干上覆水体或降低含水层水位。当上覆水体含水量小、补给有限时，可采取疏干措施；当上覆水体水量大、补给充足时，可采取降低水位措施，从而使煤层处于水位之上或安全水压之下开采。

（3）顶疏结合开采。当煤层顶板有多层含水层且含水层和隔水层相间排列时，可对位于裂缝带以上的强含水层实行顶水开采，而对位于导水裂缝带以内的弱含水层则实行疏降开采。

（4）合理选择开采方法和开采措施。根据具体条件，可采用充填采煤法、条带采煤法、分层间歇式开采、伪倾斜或仰斜长壁开采、走向小阶（区）段开采等方法。

5.7.4 承压含水层上开采

带压含水层水穿越含水层和煤层底板之间的煤（岩）柱，以突然方式大量涌入采掘空间的现象，称为煤层底板突水。长壁工作面开采引起的支承压力在煤层底板岩层中传播，在一定范围和程度上可破坏煤层底板的完整性，而带压含水层的水也会沿岩层的裂隙导升。在承压含水层距开采煤层较近时，开采形成的底板集中应力可增加下部含水层水压力，承压水向开采形成的煤层底板自由面方向扩张导升，从而使承压水扩张导升区内的岩层强度降低或破坏。一旦承压水扩张破坏区与开采煤层底板支承压力破坏区沟通，便会形成底板突水通道而发生底板突水灾害。

采用专门的技术和安全措施开采临近承压含水层上的煤层，称为承压含水层上采煤，如图 5-205 所示。

在承压含水层上采煤可采用以下开采方案：

（1）疏水开采方案。是指利用各种疏水工程和设备，将承压水的水位降低至开采水平以下再进行开采，适用于承压含水层水量不大、补给水源有限的区域。

（2）堵截补给水源与疏水相结合的开采方案。是指在开采范围的外围采用帷幕注浆堵水的方法截断补给水源，然后在开采范围内进行疏水，将承压水的水位降低至开采水平以下再进行开采，一般适用于煤层埋藏较浅、水源补给通道集中且已被探明的区域。

（3）带压开采方案。是指依靠有足够厚度和阻水能力的隔水层保护所进行的开采方案。由于在开采过程中，承压水的水位高于开采水平，底板隔水层要受到承压水压力的作用，故称为带压开采，主要适用于水文地质和地质构造比较简单、隔水层具备良好的阻水

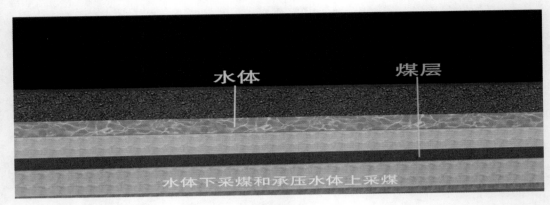

图 5-205　水体下和承压水体上采煤

性能、承压含水层的水量和水压不太大的区域。

（4）综合治理、带压开采方案。是指采用疏水、堵截补给水源和带压开采相结合的方法所进行的开采方案。开采前，在查清开采区域水文地质和地质构造的基础上，对其外围堵截补给水源，然后带压开采，在开采过程中，视涌水量和水压的大小进行适当的疏水降压，从而达到安全开采的目的。

采取的技术措施包括：合理选择开采顺序、分区隔离防护开采、合理选择采煤方法、减小工作面长度、做好防探水工作。

思　考　题

1. 试述铁路下采煤的技术措施。
2. 简述减少地表下沉及变形的开采技术措施。
3. 简述水体下采煤的主要开采方案。
4. 简述在承压含水层上采煤的主要开采方案。

6 智能采矿系统

本章提要： 介绍煤矿智能开采基本概念和智能采矿系统基本构架，透明化矿山概念和三维矿山模型建模技术，智能采矿数字孪生系统；可视化展示智能采煤工作面的地质和设备模型建立、设备管控、采煤机自动调姿、液压支架控制与调姿、惯性导航与工况管控的智能开采原理；介绍透明化智能综采系统的透明化工作面构建、智能采煤工作面数字孪生、精确定位导航和测量机器人系统、高精度三维地质模型动态修正、5G 技术应用、基于"TGIS"一张图的可视化管控等关键技术。

关键词： 智能开采；透明化矿山；智能采矿数字孪生；三维矿山模型；高精度地质模型；定姿定位；惯性导航；测量机器人；5G 技术；时态 GIS；可视化管控平台；自适应割煤

6.1 煤矿智能开采基本概念

6.1.1 远程控制无人采煤工作面

远程控制无人采煤工作面是指工人不出现在回采工作面内，而是在回采工作面以外地点操作和控制机电设备，完成破煤、装煤、运煤、支护和处理采空区等各项工序，将原本处在危险环境下的人员转移到控制中心，继而在监控中心内实现对各类设备的操作控制，以此完成无人化开采。

通过建立工作面实时工业以太网与无线覆盖网络，将各个相关设备联系在一起，实现与各个装置的数据通讯。在顺槽集控中心实现对工作面设备的远程控制，设备包括：采煤机、支架、刮板输送机、转载机、破碎机、负荷中心、泵站。对每个设备的工况数据采集、存储、显示、报警、远程控制。以采煤机位置为坐标，实现对采煤机与支架的视频跟踪切换，完成对整个工作面设备的可视化管理。地面操作平台与顺槽控制中心实现宽带数据通信网络，可对工作面设备运行工况与生产情况进行实时观测，并可在紧急情况下对采煤机、支架、刮板输送机、泵站与皮带进行急停的网络化远程干预控制。

6.1.2 智能化开采

以远程遥控为核心的无人化开采缺乏适应能力，一旦地质条件出现变化，或者是系统中有设备发生故障，就要有人员进场对设备进行干预调整。

智能化开采是指通过开采环境的智能感知、开采设备的智能调控与自主导航，实现自动开采作业的过程。智能化开采包括三项技术内涵：

（1）开采设备具有智能化的自主作业能力。

（2）实时获取和更新采掘工艺数据，包括地质条件、煤岩变化、设备方位、采掘工序等。

（3）能根据开采条件变化自动调控采掘过程。

而对以智能化技术为核心的工作面无人化开采而言，需要集成井下信息传输技术、煤岩自动识别技术（高精度地质模型）、线形控制技术、安全感知响应技术、设备定位技术、远程监控技术，构建一套一体化工作面智能控制系统，实现采煤作业的自动化控制以及远程遥控，通过采煤机记忆截割调节控制，采煤机、支架电液控制、运输系统的整体协调控制技术，实现设备的就地/集中/远程三级网络管理。根据运输系统负荷的大小，自动调控采煤机的生产能力。通过无线网络覆盖，实现移动设备采煤机在工作面环境下的可靠通讯，视频、语音、数据三网合一，解决整个作业面的通讯瓶颈，割煤过程视频自动跟踪监控。根据设备之间传感器的物联网技术，实现相关设备的姿态识别，故障提前预警，实现工作面协调、安全、可靠的生产。

6.1.3　煤矿智能化发展目标

智能采矿是指在不需要人工直接干预情况下，通过采掘环境的智能感知、采掘装备的智能调控、采掘作业的自主巡航，由采掘设备独立完成的采掘作业过程。煤矿智能化是煤炭工业高质量发展的核心技术支撑，将人工智能、工业物联网、云计算、大数据、机器人、智能装备等与现代煤炭开发利用深度融合，形成全面感知、实时互联、分析决策、自主学习、动态预测、协同控制的智能系统，实现煤矿开拓、采掘（剥）、运输、通风、洗选、安全保障、经营管理等过程的智能化运行，是煤炭开采技术的发展方向。

煤矿智能化首先应建成多种类型、不同模式的智能化示范煤矿，首先应初步形成煤矿开拓设计、地质保障、生产、安全等主要环节的信息化传输、自动化运行技术体系，基本实现掘进工作面减人提效、综采工作面内少人或无人操作、井下和露天煤矿固定岗位的无人值守与远程监控。

进一步，大型煤矿和灾害严重煤矿基本实现智能化，形成煤矿智能化建设技术规范与标准体系，实现开拓设计、地质保障、采掘（剥）、运输、通风、洗选物流等系统的智能化决策和自动化协同运行，井下重点岗位机器人作业，露天煤矿实现智能连续作业和无人化运输。

在上述基础上，各类煤矿基本实现智能化，构建多产业链、多系统集成的煤矿智能化系统，建成智能感知、智能决策、自动执行的煤矿智能化体系。

思　考　题

1. 试阐述远程控制无人采煤工作面的基本概念。

2. 智能化开采的核心技术内涵是什么？

3. 简述我国煤矿智能化发展目标。

6.2 智能采矿系统组成

6.2.1 智能化煤矿综合管控平台

智能化煤矿应通过统一的综合管控平台进行管理，综合管控平台是基于矿山云数据中心的一体化操作系统。综合管控平台实现各种感知数据的接入和集成，实现信息化与自动化的融合。综合管控平台应具有全矿井智能监控、安全生产管理、精细化运营管理和智能决策支持服务。

6.2.2 煤矿安全高效信息网络及精准位置服务系统

通过构建以万兆网为骨干，混合无线高速接入的超宽带强实时矿用通信网络，开发高速通信+井下物联的煤矿综合信息采集、传输平台，为智能化煤矿的实时决策、控制提供通信保障。

井下精确位置管理服务系统依托井下环境的三维模型，解决井下狭长、多转角、复杂干扰条件下的精确定位问题，可以为其他平台的各种应用场景提供支撑，如人、车、传感器和各类装备的实时位置监测和管理，实现定位跟踪、数据溯源、机车调度管理、装备作业协同、定点环境监测、无人驾驶导航等。

6.2.3 GIS 三维地质模型及动态信息系统

全面整合三维数字模型、三维高程模型、三维景观建模和三维地质建模，并在生产过程中实时更新、修正形成动态模型，与实际空间物理状态保持一致。构建基于统一数据标准，以空间地理位置为主线，以分图层管理为组织形式，以打造矿山数字孪生为目标的矿山综合数据库，为智能化煤矿应用提供二/三维一体化的位置服务、协同设计服务、组态化服务以及三维可视化仿真模拟、设备全生命周期管理等服务，实现一张图集成融合、一张图协同设计、一张图协同管理和一张图决策分析。

6.2.4 智能化无人工作面协同控制系统

突破环境的智能感知、采掘作业的自主导航、采掘设备的智能调控等一系列技术难题，建立从开采准备、工艺规划到开采过程实时控制、设备管理，直到远程监控服务的煤炭生产全过程无人或少人的智能生产系统。

6.2.5 智能化运输管理系统

实现全煤流运输无人值守、辅助运输智能化无人驾驶以及仓储的智能化管理的运输系统的智能化管控。

6.2.6 矿井井下环境感知及安全管控系统

建立基于现场总线、区域协同控制、扩频无线通信技术的监测监控系统，主要对矿井瓦斯、顶板、冲击地压、水灾、火灾、粉尘等主要灾害进行全方位实时监测、评估和预控，智能联动报警和救灾指挥。

思 考 题

1. 智能采矿系统包含哪些系统？
2. 智能化煤矿综合管控平台应具备哪些功能？
3. 煤矿安全高效信息网络及精准位置服务系统的主要功能是什么？
4. GIS 三维地质模型及动态信息系统的主要功能是什么？
5. 智能化无人工作面协同控制系统的主要功能是什么？
6. 智能化运输管理系统的主要功能是什么？

6.3 透明化矿山及透明化工作面

北京大学毛善君教授等人，提出了透明化矿山及透明化工作面概念。

6.3.1 透明化矿山

煤矿信息属于空间信息的范畴，煤矿安全生产的全流程都与三维空间有关。基于网络技术的远程可视化控制和巡查是智能采矿的关键技术之一，而远程可视化控制或巡查的技术关键之一就是构建透明可视化的矿山，提供可视化的三维交互式操作平台，实现对井上下工作环境、机电设备和矿体的实时感知和决策。

透明化矿山可以定义为：利用钻探、物探、采掘工程、智能控制、时态地理信息系统、虚拟现实等技术手段，基于统一的数据管控平台和生产实时揭露信息，实现矿山井上下地测、工程、监测监控、机电设备、开采环境等真实、实时信息的高精度三维可视化展示、动态修正和远程控制，并实现多部门、多专业、多业务数据的集成与应用。

6.3.2 透明化矿山模型

透明化矿山建设的重要基础是规范化的三维模型的建立。透明化矿山模型分为地质模型、地表模型、机电模型、其他模型四大类：

（1）地质模型分为矿井地质模型、采区地质模型、回采工作面地质模型、断层模型、采空区模型、积水区模型、陷落柱模型、巷道模型等；

（2）地表模型分为地形模型、建筑物模型、构筑物模型、管线模型、交通设施模型、植被模型、水体模型等；

（3）机电设备模型分为综采设备、掘进设备、提升设备、运输设备、通风设备等；

（4）其他模型为上述模型之外需要建立的三维模型。

6.3.3 透明化工作面

透明化工作面是指以钻探、物探、巷道素描和激光扫描等数据构建初始高精度地质模型，以煤岩识别、顶板压力等实时数据修正初始模型，融合设备位置和姿态、环境状态等实时数据形成的透明化三维空间。

透明化工作面的特点如下：

（1）利用钻探、物探和巷道及开切眼等获取的地质信息，建立初始化的高精度三维地质模型；

（2）利用智能开采过程获取的最新煤岩层界线和相关地质信息，不断更新地质模型，保证煤壁及附近数据的准确性；

（3）不仅能够描述煤层起伏、地质构造、岩石力学特性和顶板压力等信息，而且能够可视化展现开采过程中机电设备的位置及空间姿态；

（4）透明工作面将与开采设备建立统一的坐标系，为智能开采中的采煤机调高、调直提供基础数据。

思 考 题

1. 简述透明化矿山概念。
2. 什么是透明化矿山模型？
3. 简述透明化工作面的概念和特点。

6.4 三维矿山模型建模技术

6.4.1 高精度三维地质模型建模与动态修正

三维地质模型是矿山三维可视化系统的重要组成部分，通过钻探、物探等技术获得地下煤层及其顶底板岩层、含水层、断层、冲刷带、煤层露头等地质信息，建立煤层、标志层、断层、陷落柱、采空区、积水区、高瓦斯聚集区等三维模型。

地面钻探、井下钻探、现场揭露数据、定向钻等是三维地质建模中的最准确、最有效的三维数据。然而缺点是数据量少、空间分布不均。因此仅依靠这些已知控制点开展三维地质建模与可视化，不能满足透明地质的需求。煤矿地质工作是由灰色到白色的一个透明化过程，地质模型也应随着新获取的地质信息动态修正。

当前的物探手段多种多样，包括三维地震、高密度电法、瞬变电磁、槽波探测、地质雷达、微震监测等，这些方法能够获得精细化的解释数据，并建立高精度的三维地质模型。在透明工作面地质建模方面，需要得到高精度的地层界线、构造的空间位置以及煤厚信息，主要应用三维地震、槽波探测、探地雷达等技术：

（1）地面三维地震勘探的原理为根据人工激发地震波在地下岩层中的传播路线和时间，探测地下岩层界面的埋藏深度和形状，以三维地震为基础，结合各种钻孔、测井、地质素描、地质揭露等，三维地震动态解释技术能够较为精确地解释出断层、陷落柱、采空区等，具有覆盖面广、探测深度大、横向分辨率高的特点。

（2）槽波地震探测的原理为在工作面设置分布式地震仪，通过采集槽波信号，能够探测到采煤工作面开采推进前方的断层、陷落柱、冲刷及变薄带等地质异常，对于工作面煤厚解释精度能够达到米级。

（3）探地雷达主要工作原理是利用宽带高频时域电磁脉冲波的反射探测目标，通过对雷达图像的判读，判断出地下目标物的实际结构情况，能够有效识别工作面推进前方小断层、冲刷破碎带等，目前也在尝试应用于煤岩层界线等方面研究。

上述物探手段的数据，通过人工解释后，生成带地理坐标的地质点数据、线数据、面数据和体数据模型，结合钻孔、地质素描等已知控制点数据，用于三维地质建模和可视化表达。

在矿山领域三维地质建模多选用不规则三棱柱模型作为建立地质模型的基本体元。也可以采用平行轮廓线或者交叉剖面等表达地层界线或构造的不规则表面。在地质建模数据更新方面将已知点加入模型后，采用平面-剖面对应算法、膨胀搜索算法、样条曲面算法、平滑过渡算法等关键技术，对原地层模型进行局部或整体细分后重构地层模型。

6.4.2　三维巷道数据采集与建模技术

除了三维地质模型数据，矿山三维可视化系统另一个重要的数据来源是巷道三维模型。传统的测绘技术以电子经纬仪、测距仪和全站仪为主，将导线成果点展绘到采掘工程平面图、地表工业广场图、地质地形图等之上。在三维可视化系统中，巷道三维模型多采用巷道中心线加巷道断面方法拉伸建模，自动处理巷道交叉点。这种方法优点在于数据源简单，自动化建模程度高；缺点在于缺乏三维模型的细节，只能用于宏观展示。井上工业广场、井下巷道重点场所都是矿山生产活动的主要场所，如何快速、高效、低成本获取井上下重点场所三维数据，并在此基础上快速建模是三维可视化系统的难点问题。激光扫描仪、全景技术、双目立体视觉、深度相机等技术是用于三维数据获取和建模的新方法：

（1）激光 LiDAR 数据获取与建模技术。三维激光 LiDAR 技术是一种非接触式主动测量方法。三维激光扫描仪原理是通过激光雷达脉冲信号扫描，快速获得目标的三维坐标和反射光强，利用三维建模软件进行建模，生成扫描物体的三维图像和可量测点阵数据，并转化为多种输出格式的图形产品。

（2）全景图像和全景视频数据获取与建模技术。全景图像获取有两种方式：一是以图像绘制为基础的全景图像拼接技术，利用鱼眼相机只需很少几幅照片拼接即可生成全景图像；另一种是全景相机，根据预先标定的相机参数，全自动获取全景图像。全景视频则是通过 3D 摄像机进行全方位 360 度进行拍摄的视频。目前主流全景数据采集是将全景相机搭载在全景采集车、无人机、定制背包之上。全景影像和全景视频是一种新型的三维数据获取方法，可代替复杂的三维场景几何建模和绘制，具有全视角、虚拟真实和高现势性等特点，同时具有高分辨率和三维立体效果等优势，与虚拟现实结合，能够快速展示场景的沉浸感效果，给人们带来一种真实感的体验。全景技术可以有效解决巷道建模数据单调的问题，搭建动态交互的虚拟空间。全景技术的缺点在于，后台没有三维点云模型的支撑，只能以浏览和图像识别为主。

（3）基于双目立体视觉多视几何技术。立体视觉技术通过采集序列化影像，利用三角测量原理从多幅图像中检测特征点并进行匹配计算，得到相机参数，恢复所拍摄景物的深度信息或者在空间中的三维信息，即从二维成像影像中恢复三维信息，自动解算出目标的相对空间位置信息，最终得到可量测的 3D 模型。

（4）深度相机技术。针对多视几何重建方法精度不高、深度信息丢失、处理速度慢和实时性差的问题，深度相机技术逐步成为继多视几何技术后又一个三维数据获取热门技术。常见的深度相机技术有 2 种：TOF（time of flight）飞行时间法和三维结构光法。其中，TOF 飞行时间法是通过计算发射和接收光信号的飞行时间来得到被测目标的深度信息；结构光法是通过光编码技术研究激光散斑在不同深度位置的不同形状，从而获取散斑和摄像头之间的距离信息。

6.4.3　机电设备模型构建与仿真技术

设备模型是构建透明化矿山的重要内容，而几何模型是设备模型构建的基础。在项目实施过程中，需要根据实际需要进行几何模型建模方法的选择。一般来说，如果进行作业环境的综合展示并进行设备实时数据查询，可以采用 3DSMax、Maya、全景技术、近景摄影测量等对设备表面进行建模；如果考虑到对无人或少人回采工作面机电设备的远程控制、专业工种虚拟培训等应用，可以采用设计模型导入等方法对三维设备的内部进行拆解和建模，以达到对每个零件或子系统进行控制的目的。对透明化回采工作面三维设备模型的构建，需根据其实际三维空间分布进行，其主要设备包括：采煤机、液压支架、端头支架、刮板输送机、转载机、胶带机、乳化液泵站、锚杆、锚索、金属网、喷浆支护、破碎机、传感器等。传感器包括：瓦斯浓度传感器、煤尘浓度传感器、风速传感器、风压传感器、一氧化碳浓度传感器、温度传感器、管道流量传感器、开停传感器、风门开闭传感器、烟雾传感器等。

建立综采工作面"三机"空间运动模型，实现设备间逻辑上的关联性。分析采煤机工作空间及运动规律，不仅完成采煤机姿态及位置表达，而且构建采煤机空间运动模型，在虚拟仿真系统中研究并制定采煤机与刮板运输机关联以及刮板运输机与液压支架关联等，使得系统具备智能化、虚拟化的功能。

思　考　题

1. 三维矿山模型分哪几类？
2. 简述高精度三维地质模型建模与动态修正技术。
3. 简述三维巷道数据采集与建模技术。
4. 简述机电设备模型构建与仿真技术。

6.5　透明化矿山管控平台

6.5.1　透明化矿山自动化远程控制技术

基于时态地理信息系统（TGIS）技术的透明化矿山平台具备通用组态软件的"配置""设定""设置"等功能，实现对井下大型设备的集中监视、报警值设定、控制逻辑设定、参数设置等。透明化矿山管控平台组态技术特点如下：

（1）数据采集与监视控制功能。数据采集与监视控制的主要任务是平台和设备之间的数据交换，通过网络实时采集控制器（PLC 或分站）的实时数据，并将用户设定的参数写入到控制器的 ROM（Read-Only Memory）中，实现用户对控制器、传感器的监测和控制。

（2）数据库功能。数据库存储各种设备的实时及历史数据，如模拟量、开关量、累计量等，提供统计、查询和分析功能。

（3）三维组态功能。利用可视化脚本编程功能实现对真实设备的可视化展示以及基于三维组态的自动控制。综采工作面采煤机滚筒的旋转、行走、指示灯不同颜色闪烁、液压支架的推拉移架等需要制作动画效果，根据三维可视化平台丰富的可视化编程脚本函数实现三维模型的部件动画功能。可视化脚本编辑功能使得操作人员可以直接进入可视化配置的界面，而且同样类型的设备只需编写一次脚本就可以直接配置使用。基于三维组态，能够实现对综采工作面采煤机、液压支架、运输机、破碎机、组合开关等设备运行参数和状态的可视化动态展示，并提供实时历史曲线、实时值显示、故障报警、报表统计等功能。

6.5.2 可视化矿山管控平台的设计

透明化矿山管控平台是在统一的网络环境下利用时态地理信息系统和虚拟现实等技术全面构建的矿井和回采工作面仿真系统，以实现"监测、控制、管理"的一体化、可视化以及历史信息的回溯和查询。同时，系统能够充分利用先进的图形学技术，提供矿井、巷道和工作面的自动化建模、实时渲染、实时光影、动态内存（显存）管理等可视化技术支撑，支持远程控制、单人和多用户协同操作等。

系统平台架构可分为三层：底层三维引擎层、透明化智能煤矿平台层、智能煤矿生产操作层。

第一层为底层三维引擎层，底层引擎是整个透明化矿山管控平台的基础，它包括启动控制核心、专业领域对象扩展模块、网络行为处理模块、系统环境控制模块、脚本语言、角色控制模块、后期处理特效模块、三维音源系统、AI 与寻路系统、性能分析模块、地形系统、材质系统、装备载具控制模块、点线面基础数据模型、操作系统 SDK、GUI 驱动系统、粒子系统、物理仿真系统和植被系统等。

第二层为透明化智能煤矿平台层，是在三维引擎之上开发的算法处理层，包括如下五大部分：

（1）数据建模。高精度矿区地质模型、高精度工作面地质模型、关键场所机电设备模型、巷道采空区积水区等模型、地表和地表工业广场模型。

（2）数据存储。分布式文件存储、生产业务数据库存储、地测模型数据存储、综合自动化实时数据存储和时空数据高性能检索。

（3）数据可视化。井上下基础漫游、UI 界面、三维空间查询、三维空间量测、历史数据回溯与三维数据更新。

（4）空间分析。三维通风实时解算、三维避灾路线生成、三维缓冲区分析与预警、监测设备布置与数据绑定、设备效能分析。

（5）专业应用。三维地质剖切、三维储量计算、监测数据可视化、工业视频集成和应急救援辅助决策等。

第三层为智能煤矿生产操作层，包括工作面安全智能开采和培训考核系统两个部分。工作面安全智能开采的系统中，采煤机和液压支架的精确定位技术、三维工作面设备模型建模技术、三维高精度工作面生成技术、三维角色动作技术构成了系统的客户端，根据设备业务逻辑和安全生产规程，对智能开采的截割控制模板进行后端的计算和自动生成构成了系统的服务端。通过控制井下设备信号开展割煤工作，并得到煤岩层等技术识别的最新地质数据，将最新数据反馈给透明工作面系统，从而形成一个自适应的智能开采流程。

思 考 题

1. 试阐述透明化矿山管控平台的组态技术特点。
2. 说明可视化矿山管控平台的功能和基本架构。
3. 透明化矿山管控平台底层引擎包括哪些功能模块？
4. 透明化智能煤矿平台层包括哪些功能模块？
5. 智能煤矿生产操作层包括哪些功能模块？

6.6 智能开采数字孪生系统

6.6.1 数字孪生基本概念

数字孪生（Digital Twin，DT）是以数字化方式创建物理实体的虚拟模型，通过虚实交互反馈、数据融合分析、决策迭代优化等手段，为物理实体提供更加实时、高效、智能的运行或操作服务。数字孪生也可理解为基于虚拟仿真的系统工程，与仿真中传统意义的模型相比，数字孪生最主要的特点是：模型通过传感器随时获取物理实体的数据，并随着实体一起演变。人们可以利用模型进行分析、预测、诊断或者训练，对物理对象进行控制、优化和决策，实现虚拟空间与物理空间的信息融合与交互。

数字孪生技术的主要特征如下：

（1）虚拟数字化，建立一个与物理实体的结构和性质相同的虚拟数字孪生体。

（2）虚实交互，建立信息空间和物理空间的关联，实现数据和信息交互。数字孪生通过数字化手段来构建一个数字孪生体，通过对物理系统的精准描述与虚实联动，实现对物理实体的仿真、分析与优化。

在工业互联网的功能实现中，数字孪生已经成为关键支撑，通过数据采集、集成、分析和优化来满足业务需求，形成物理世界生产对象与数字空间业务应用的虚实映射，最终支撑各类智能化应用服务。

6.6.2 数字孪生智采工作面

数字孪生技术的应用可推进数字化矿山建设、管理数字化与智能化内涵式发展。通过研究煤矿精准探测与数字矿山精确建模技术，构建矿山可视化物理模型、可验证的仿真模型、可表示的逻辑模型、可计算的数据模型，实现物理矿山实体与数字矿山孪生体之间的虚实映射、实时交互。

数字孪生智采工作面是一个数据可视化、人机强交互、工艺自优化的高逼真采煤工作面三维镜像场景，包括物理工作面、数字工作面、孪生数据和信息交互等四个部分：

（1）物理工作面。智采工作面中，物理实体具有无人驾驶、集群协作的自主运行能力，数字场景也有 1∶1 的远程监控、虚拟运行等仿真映射。数字孪生智采工作面不是传统仿真模型，而是动态反馈的数字化镜像体，它基于设备运行的感知数据，以数字智采工作面来逼真地模拟实际采煤状况。数据信息交互为物理工作面和孪生工作面提供数据交互、同步反馈与交互监控功能。

物理工作面是指由采煤机、液压支架、刮板输送机等各种智能设备和煤层构成的生产系统，此外还应包括各设备实时运行数据和煤层变化数据。物理实体具有无人驾驶、集群协作的自主运行能力。设备实时运行数据主要由布置在智能设备上的各种传感器获取，煤层数据包括初始地质探测数据和开采暴露数据。物理工作面将真实环境下的设备和地质数据经过孪生数据系统分析处理后发送给虚拟工作面系统。

（2）虚拟工作面。虚拟工作面要能够服从几何、物理、行为、规则的约束，对物理工作面进行数字化描述，创建 1∶1 的映射物理工作面的虚拟形态，并能够跟踪物理工作面的实时数据、历史数据及运行状态。此外，虚拟工作面将以 VR 与 AR 技术实现智采工作面的虚实叠加及融合显示，增强数字孪生工作面的沉浸性、真实性及交互性。

（3）孪生数据。孪生数据是数字孪生的驱动链，主要包括物理体数据、虚拟体数据、服务数据、知识数据及融合衍生数据。物理体数据来自采煤状态、设备性能、环境参数、突发扰动等感知数据。虚拟体数据包括物理过程、驱动因素、环境扰动、运行机制等模型数据，过程仿真、行为仿真、过程验证、评估、分析、预测等的仿真数据。服务数据主要包括算法、模型、数据处理方法等功能型服务数据，资源管理、企业管理、生产管理、煤质管理、市场分析等服务型数据。知识数据包括开采工艺、行业标准、规则约束、开采模型等数据。融合衍生数据是对以上各类数据加以转换、预处理、分类、关联、集成之后所形成的庞大信息数据。

（4）信息交互。数据交互和信息互联是物理工作面与虚拟工作面、服务中心之间的信息通道。在物理工作面与虚拟工作面之间可构建信息物理系统，通过计算机、通讯和控制技术，使虚实采煤工作面之间实现有机融合与深度协作，从而为智采工作面提供实时感知、动态控制的信息服务。在智采工作面建设泛在网，使监控设备与生产设备的传感器、变送器、执行器、驱动器、控制器得以紧密联接，与安控系统也同步互联。

思　考　题

1. 解释数字孪生基本概念。
2. 什么是数字孪生智采工作面的物理工作面？
3. 什么是数字孪生智采工作面的虚拟工作面？
4. 什么是孪生数据？
5. 物理工作面和虚拟工作面是如何实现信息交互和动态控制的？

6.7　智能采煤工作面

6.7.1　地质和设备模型建立

通过三角网及动态修正技术构建地质模型和煤岩层结构，构建整个工作面的设备模型，如图 6-1 和图 6-2 所示。

6.7.2　设备管控

指挥调度控制中心通过矿井千兆工业网络一键控制工作面设备顺序运行，如果发现故障紧急闭锁，并伴随声光报警，如图 6-3 和图 6-4 所示。

图 6-1   构建地质模型和煤岩层结构

图 6-2   构建设备模型

图 6-3   一键控制工作面设备运行

6.7.3   采煤机自动调姿

高精度工作面地质模型顶底板参数指导采煤机割煤，采煤机的姿态随着煤岩层分割线自动调整，如图 6-5~图 6-7 所示。

图 6-4　启动皮带机、破碎机、转载机、刮板输送机

图 6-5　高精度地质模型指导割煤

图 6-6　采煤机调姿

图 6-7　采煤机割煤

6.7.4　液压支架控制与调姿

　　液压支架根据顶底板位置自动调整姿态和油缸控制（电液阀系统），一键启动护帮板，超前支架根据工作面位置自动移架，如图 6-8~图 6-15 所示。

图 6-8　一键启动护帮板

图 6-9　液压支架自动调姿

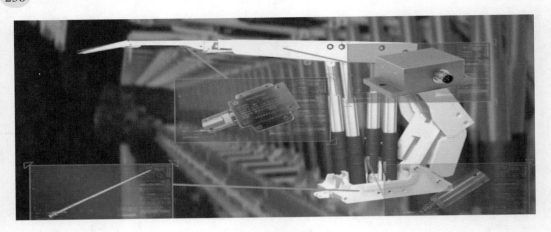

图 6-10　油缸控制拉架

图 6-11　采煤机自动截割

图 6-12　支架姿态控制

6.7.5　惯性导航与工况管控

利用惯性导航技术实现工作面自动调直，斜切进刀实现双向割煤。自动化控制系统结

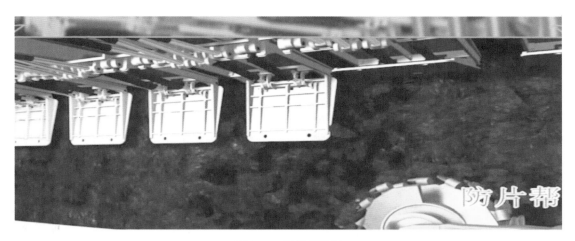

图 6-13 护帮板控制

图 6-14 油缸精确控制

图 6-15 超前支架控制

合煤流负荷、泵站液压、采煤机运行工况等参数自动调整采煤机运行速度,实现负载平衡。检修时间到,地面操作人员一键停止,无人工作面设备顺序停止,检修人员根据自动化系统报警和故障记录对相应部件进行检修和保养维护,如图 6-16~图 6-21 所示。

图 6-16　惯性导航

图 6-17　工作面自动调直

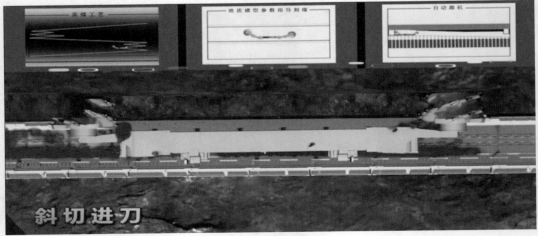

图 6-18　斜切进刀

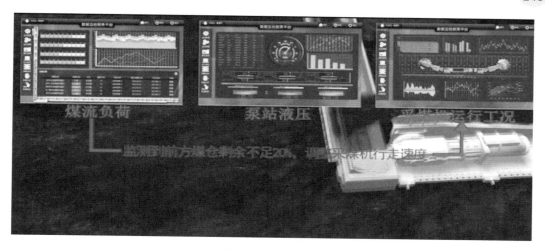

图 6-19 工况监控

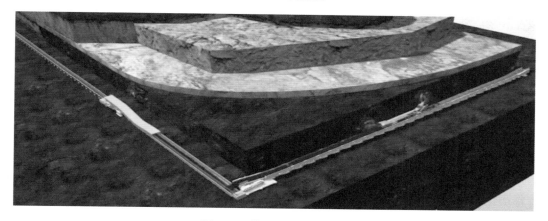

图 6-20 煤流负荷平衡控制

图 6-21 关闭采煤设备

思　考　题

1. 地质和设备模型是怎样建立的？
2. 设备如何管控？
3. 采煤机怎样自动调姿？
4. 液压支架如何控制与调姿？
5. 怎样实现工作面自动调直，斜切进刀怎样实现双向割煤？
6. 怎样进行工况管控？

6.8　透明化智能综采系统

透明化智能综采系统是我国最新实现的智能采矿技术。

6.8.1　总体结构

透明化智能综采系统，集成最新通讯、控制、信息、大数据和工业物联网技术，建立基于"透明化工作面构建、精确定位导航和测量机器人系统、透明化三维地质模型动态修正、5G 技术、基于 TGIS 一张图的可视化管控平台"的智能开采模式。

透明化智能综采系统逻辑构架和业务流程如图 6-22 所示。

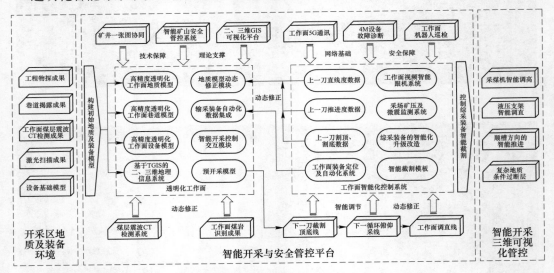

图 6-22　透明化智能综采系统

6.8.2　透明化工作面构建

采用 GIS+BIM 技术，在统一坐标系统下，构建高精度地质模型、巷道模型、设备模型和开采环境模型，构建透明化综采工作面。

利用 GIS+BIM 技术构建透明化工作面高精度三维地测模型、设备模型和开采环境。

通过当前回采工作面及周边一定范围内的钻探、物探、巷道素描等煤层和构造数据构建初始高精度三维地质模型；设计机电设备和开采环境模型的技术规范、编码标准和数据交换标准，在同一体系框架下实现井下机电设备精细模型、工作面采掘工程精细场景模型等各类模型的构建，如图6-23和图6-24所示；将三维模型与井下设备监测监控信息相关联，融合设备位置和姿态、环境状态等实时数据，实现数据的实时共享与更新，与空间物理状态保持一致，形成高精度、透明化、基于统一大地坐标系的综采工作面三维空间系统和数字孪生系统，如图6-25所示。

图 6-23　透明化综采工作面

图 6-24　工作面顺槽

6.8.2.1　高精度地质模型

采集矿井所能提供的综采工作面外扩多边形范围内所有能控制煤层和构造三维形态的相关数据，如：地面勘探钻孔、井下钻孔、巷道素描图、勘探线和预想剖面图，以及通过三维

图 6-25　工作面数字孪生

地震等钻探或物探手段获取的煤层顶底板数据、煤厚数据和构造数据等。在数据采集过程中，尽量高密度采集煤层特征点（如拐点）数据，以提高工作面煤层三维地质模型的精度。

高精度地质体建模主要采用 TIN、ARTP 技术，以自动生成三维模型，如图 6-26 所示。

图 6-26　工作面高精度地质模型

6.8.2.2　场景及设备建模

通过对重点场景及设备建模，构造完整的虚拟作业空间，如图 6-27 所示。

设备建模采用 BIM（Building Information Modeling）模型加 PBR（Physicallly-Based Rendering）工作流的方式，BIM 保证设备模型准确性，PRB 保证设备模型真实的可视化效果。以 BIM 模型为基础，经过翻模、UV（贴图坐标的简称）拆分、烘图、绘图几步产生适用于 PBR 工作流的贴图，最终将模型和贴图导入到平台中进行渲染。

图 6-27   工作面设备建模

设备 BIM 模型中包含几何形状信息和属性信息，并以几何形状信息为基础模型进行翻模工作，属性信息包括如采煤机生产厂家、型号等信息。翻模是将基础模型同时制作成高精度模型和低精度模型，这里的精度主要是指模型面数的多少。高模一般面数多、结构复杂、细节表现丰富，低模一般面数少、结构相对简单、细节较少。同时制作高模和低模的原因是高低模对烘，将高模烘出的贴图放到低模上，使低模表达更丰富的细节效果。UV拆分是对设备模型进行 UV 纹理坐标的划分，UV 拉伸影响最终展示效果，一般使用均匀平铺 UV 的方式。烘图是使用设备高模进行 AO（Ambient Occlusion）图、法线图、置换图、高度图等的烘焙。绘图为绘制设备的基础颜色图、金属度图、粗糙度图、脏迹贴图等。目前主流的 PBR 工作流有金属度/粗糙度工作流和镜面反射/光滑度工作流两种。通过上述烘图、绘图两步产生适用于金属度/粗糙度工作流的贴图，将所有的模型和贴图导入到平台中进行渲染便可产生类真实设备效果的模型。

设备模型组件需要进一步拆分，比如采煤机的滚筒、摇臂，液压支架护帮板、油缸等需联动的结构都要独立出来，各组件的坐标轴需要按照实际原理，放置到相应位置，为后续的脚本描述、数据驱动做好铺垫工作。

6.8.2.3　脚本描述

设备模型制作完成后，需要对设备模型进行脚本描述，对模型的动作、模型展现效果等进行定制化功能开发。脚本描述内容多种多样，可以是模型可视化效果的描述，如颜色、粗糙度、反光程度等；可以是模型动作的描述，如采煤机牵引、液压支架升降立柱、刮板链运动等；还可以是模型实时数据的描述，如采煤机左右摇臂实时位置数据、液压支架顶梁俯仰角数据、瓦斯传感器监测数据等；也可以是模型特效的描述，如液压支架喷雾效果、采煤机割煤落煤效果等。

设备动作脚本描述是对设备单个部件动作进行逐级封装，达到局部动作和整体动作都方便调用的目的。局部动作即为设备单个部件或多个部件的运动，如采煤机摇臂升降；整体动作即为整个设备的动作，如采煤机左右牵引等。设备动作描述一般分为设备动作拆解、单个动作描述、组合动作描述三个步骤：

（1）设备动作拆解依据业务层面对设备动作的要求和设备自身机械结构进行动作分解。设备由多个零部件组成，如果按设备自身运动能力拆分将得到成百上千个分解动作，所以实际制作中按业务层面对设备动作需求制作，如变电设备业务层面只需展示液晶面板监测数据和打开前门，则只需要描述模型中液晶面板动作和开前门动作即可。

（2）单个动作描述是对分解动作进行封装、实现。单个动作描述分为数据驱动和仿真模拟两类，类型不同设定的参数不同。一般来讲，数据驱动动作参数为部件的最终参数，而仿真模拟动作参数为部件变化特性参数，如变电设备前门开动作采用数据驱动时参数为前门相对设备的旋转角度，而采用仿真模拟时参数为前门开或关的动作及开关门总时间，具体前门角度依据参数自动计算。

（3）组合动作描述在单个动作描述的基础上依据业务需求对多个分解动作进行组合封装、实现。组合动作描述一般涉及设备的多个部件，液压支架升立柱就属于组合动作，涉及立柱、顶梁、掩护梁、前梁杆、后梁杆等多个部件运动。组合动作也可分为数据驱动和仿真模拟两类。数据驱动方式需要组合动作涉及的所有部件运动的数据，而仿真模拟则可只指定最终部件参数，其余部件参数依据物理关系自动插值。

6.8.2.4　设备模型与场景的耦合

设备模型与场景耦合在于定坐标和定姿态，地质模型由钻孔等数据生成，具有大地坐标，而制作的设备模型没有大地坐标，设备模型和地质模型及场景通过大地坐标进行耦合，如图6-28所示。

图6-28　采煤设备与具有大地坐标系的三维地质模型的耦合

设备模型与场景模型耦合的过程分三步，确定坐标、确定姿态、确定约束关系。坐标可通过惯导、测量机器人等多种测量设备以及控制点坐标计算获得；姿态可通过惯导、角度传感器（获取三个轴向上的角度）以及设备设计参数等计算得出；约束关系主要包括设备与设备的约束关系以及设备与场景的约束关系。如通过测量机器人将已知控制点的大地坐标传导给采煤机得到采煤机大地坐标；通过惯导得到采煤机整体的姿态，通过采煤机设计参数得到采煤机零部件相对于整体的姿态，进而得到采煤机零部件在大地坐标系下的姿态；采煤机约束关系包括采煤机需在刮板输送机上运行等与设备之间约束关系，以及采煤机滚筒高度需在煤层顶底板线附近等与环境的约束关系。通过上述步骤就可以实现采煤机与具有大地坐标系的三维地质模型的耦合。

6.8.3 精确定位导航和测量机器人系统

6.8.3.1 采煤机定姿、定位和导航

为实时获取采煤机的姿态和位置坐标，采用满足精度要求的高精度国产光纤惯性导航系统，实现采煤机在三维空间中的定姿、定位，如图 6-29 所示；通过测量机器人系统，自动读取顺槽导线点绝对大地坐标，自动追踪煤机机身棱镜，动态修正惯导系统的测量误差，确定各类设备的大地坐标，实现大地坐标的自动中继传导和定位，并最终形成基于"惯导+编码器+测量机器人系统"组合而成的精确定位导航技术。

图 6-29　采煤机坐标和姿态

惯性技术是对载体进行导航的关键技术之一，惯性技术是利用惯性原理或其他有关原理，自主测量和控制运载体运动过程的技术，它是惯性导航、惯性制导、惯性测量和惯性敏感器技术的总称。现代比较常见的几种导航技术，包括天文导航、惯性导航、卫星导航、无线电导航等，其中，只有惯性导航是自主的，既不向外界辐射东西，也不用看天空中的恒星或接收外部的信号，它的隐蔽性是最好的。

惯导装置安装在采煤机机身并与其刚性连接的合适位置，编码器安装在采煤机的行走轮上，如图 6-30 所示。安装在采煤机机身的光纤惯导提供采煤机实时位置、方位、水平姿态以及水平加速度等信息；高精度编码器提供采煤机里程信息（L_t）；惯导和编码器组合定位系统最终输出采煤机的（X, Y, Z）三维坐标、航向角（H）、俯仰角（P）、横滚角（R）。

以二、三维 GIS "一张图"和地质模型为基础，实现采煤机的路径规划和导航，如图 6-31 和图 6-32 所示。

图 6-30　惯性导航系统

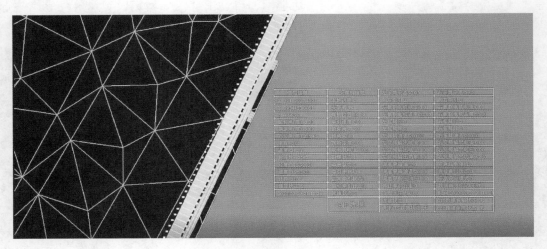

图 6-31　采煤机路径规划

图 6-32　采煤机导航

6.8.3.2 惯导系统测量误差的动态修正

测量机器人是一种精密定向、定位设备，它由陀螺寻北仪和全站仪组成，陀螺寻北仪可自动确定目标相对于北向的精确方位角，全站仪自动测量、自动跟踪测量目标点三维（X，Y，Z）大地坐标。其主要特点是定位精度高、定位速度快、自动化程度高。测量机器人的测量精度等价于传统地测部门的导线测量精度，在综采工作面理想环境下可以达到毫米级，一般情况下达厘米级，满足智能开采工作面的设备定位精度要求。

测量机器人安装在矿井综采工作面与控制点棱镜能够通视、相对稳定的机头或者机尾液压支架顶梁上合适位置，控制点棱镜安装在顺槽的煤壁上（每间隔 N 米安装一个），且预先通过人工采用导线测量等测量方式确定其大地坐标，采煤机棱镜安装在采煤机机身靠近测量机器人一侧且和采煤机刚性连接的合适位置，如图 6-33~图 6-38 所示。

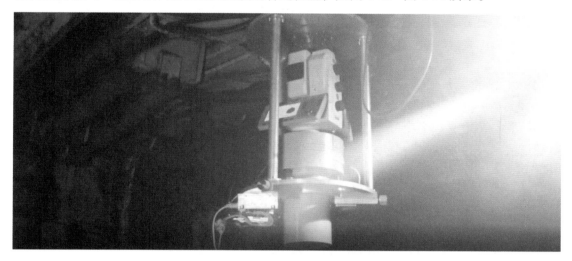

图 6-33 悬挂在支架上的测量机器人

图 6-34 全站仪测量顺槽控制点大地坐标

图 6-35　测量机器人获取控制点大地坐标

图 6-36　测量机器人寻找采煤机位置

图 6-37　测量机器人获取采煤机位置

图 6-38　动态修正惯导系统的测量误差

若测量机器人和采煤机棱镜通视，则追踪锁定采煤机棱镜，测量采煤机的三维大地坐标作为采煤机的定位坐标，并根据该三维大地坐标校正惯导和编码器组合定位系统的三维坐标；若测量机器人和采煤机棱镜无法通视，则通过惯导和编码器组合定位系统测量采煤机的三维大地坐标作为采煤机的定位坐标。这样，就实现了惯导、编码器、测量机器人组合导航定位系统给采煤机提供精确大地坐标并实现精确定位的目的，解决了惯导、编码器长航时运行漂移的缺陷。在机头或机尾，如果采用后方距离交会法，测量机器人可无需陀螺寻北仪，直接后视两个巷道控制点测量倾角斜距，通过距离交会算法计算测量机器人设站点坐标。

6.8.4　数字孪生智能综采面构建技术

数字孪生智能综采工作面包括物理综采工作面、孪生综采工作面和数据信息交换三部分，如图 6-39 和图 6-40 所示：

（1）物理空间实际割煤。物理空间中有工作面实际开采环境，包括顶底板岩性、断层、瓦斯赋存情况等，还有放置在工作面中设备，包括采煤机、液压支架、刮板输送机等，每一个设备存在其物理特性和机体结构。下达采煤任务后，依据开采工艺和生产管理方案进行实际的采煤，开采过程中有环境监测系统及传感器产生的大量数据。

（2）通过数据交换部分将采煤任务、工作面开采环境、工作面设备机体结构及物理特性、工作面采煤历史数据、环境监控系统及传感器数据传递给到虚拟空间。

（3）在虚拟空间中建立透明化综采工作面模型、采煤任务模型、开采工艺模型、生产管理模型以构建采煤流程及开采环境数字孪生。依据工作面设备机体结构及物理特性构建工作面设备数字孪生，两个数字孪生体之间相互共享数据并结合综采工作面采煤历史数据构建综采工作面采煤数字孪生。综采工作面采煤数字孪生结合实时环境监控系统和传感器数据可预测后续采煤过程中设备状态和开采环境的变化并将预测信息返回物理综采工作面指导生产。依据数字孪生智能综采工作面技术体系及技术原理，在物理智能综采工作面中安装大量传感器，获取设备实时运行数据和环境监测数据，与数字孪生智能综采工作面软件系统进行数据信息的交互，通过监测、仿真物理综采工作面运行工况，动态的修正地质模型，预测未来 N 刀截割曲线，反馈给采煤机，指导采煤机自动调整空间姿态，实现自适应割煤。

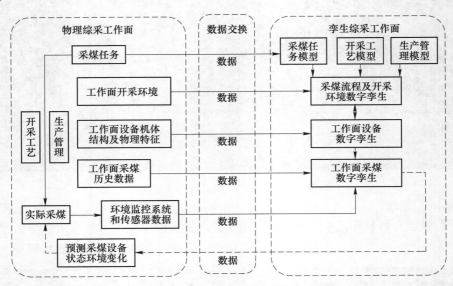

图 6-39　数字孪生智能综采工作面

图 6-40　数字孪生工作面接入视频及实时运行数据

6.8.5　透明化三维地质模型动态修正技术

就目前的勘测技术和成本预算而言，一次性实现整个综采工作面煤层空间形态和属性的完全已知和透明既不现实，也没有必要，只要动态确保工作面煤壁附近的信息尽量已知和透明即可，即煤层的空间形态和属性伴随着一个局部修正和精度不断提高的透明化过程。

透明化三维地质模型必须满足智能开采对地质条件的时空需求，一方面要确保回采工作面前方煤壁附近未采区域一定范围内煤层地质条件的"透明化"，生成透明化的三维地质模型，为生成相对精准的预想截割线提供数据支持，另一方面要在采煤机完成一定回采距离或在检修班时，结合煤岩层位识别及检修班人工测量新获取的煤层和构造及分析成果数据，快速完成回采工作面煤层高精度三维地质模型的动态修正，以反应煤层在三维空间的最新变化，为生产班的自适应割煤服务，如图 6-41~图 6-43 所示。

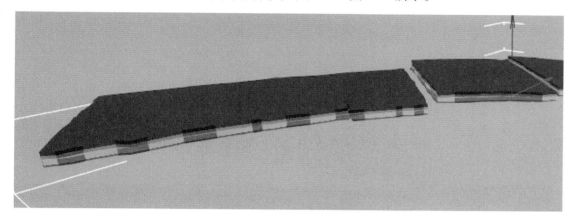

图 6-41　地质模型立体图

图 6-42　三维地质模型动态修正

三维地质模型动态修正具体流程如下：

（1）通过多种数据采集、拓扑关系分析、空间数据插值、平剖对应、膨胀搜索、TIN模型构建等技术和算法，构建初始三维地质模型。

（2）在已有三维地质模型中融合最新获取的地质数据，结合煤岩层位识别成果，通过

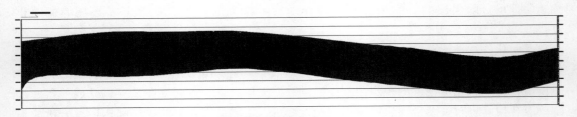

图 6-43　地质模型剖面图

模型自动重构功能，实现三维地质模型的动态更新。

　　（3）根据采煤机运行绝对坐标轨迹获取最新的回采截割位置，实现采空区与未采区地质模型及各自范围的自动更新。

6.8.6　工作面截割路径自动生成

　　利用工作面高精度地质模型，剖切出未来 N 刀的煤层顶底板线，结合上一刀采煤机实际截割线、前后滚筒的调整量限制、采高限制，综合计算出超前 N 刀的沿回采方向的规划截割路径（可设定网格密度），指导采煤机沿规划截割路径的自适应割煤，如图 6-44 和图 6-45 所示。

图 6-44　俯仰采基线（图中白线）

6.8.7　5G 技术应用

　　建立基于 5G 通信技术综采工作面无线网络，将智能综采工作面采煤机、惯性导航、测量机器人、煤岩层识别、高清视频等实时信息接入 5G 网络，实现高速率、低延时、大带宽的信息传输，解决移动装备线缆难铺设，架间电缆易损伤，WIFI、MESH 等传输带宽低、稳定性差等难题，为基于 TGIS 的透明化智能综采工作面的远程可视化自适应控制奠定基础，如图 6-46~图 6-48 所示。

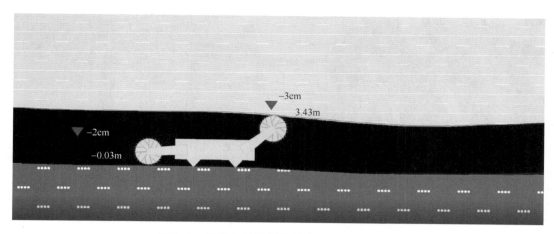

图 6-45 采煤机沿规划截割路径的自适应割煤

图 6-46 5G 基站

图 6-47 5G 基站天线

图 6-48　工作面 5G 专网

具体部署方案是，在地面数据中心部署一套 MEC（Mobile Edge Computing）边缘计算服务器，用于实现井上下 5G 网络的互联互通，同时 MEC 和矿井工业以太环网融合形成一套有线+无线全链路融合的网络平台；在工作面部署一套 BBU（Building Base band Unite）基站处理单元，用于管理链路下的 3 台 RRU（Remote Radio Unit）基站；在工作面外集控仓处安装一台 RRU 基站，用于实现集控仓附近 5G 网络的覆盖和集控仓设备通过 5G 链路与地面控制中心融合通信；在工作面端头和端尾架分别部署一台 5G RRU 基站，实现工作面内部 5G 网络覆盖，RRU 的上传和下载带宽比调整至 3∶1，实现煤矿井下上传带宽需求高的技术要求，满足单台 RRU 基站的上传带宽不低于 800M。

5G 系统主要实现语音和视频通话、设备数据传输功能：

（1）语音和视频通话。工作人员通过 5G 手机连接 RRU 基站发布的无线网络，实现与井上下 5G 网络覆盖区域的移动终端的语音和视频通话。

（2）设备数据传输。工作面液压支架上间隔 20 架左右安装 1 台 5G CPE 无线信号转换器，通过 RJ45 网口接入液压支架顶部的高清摄像仪和测量机器人等设备，设备通过 5G 网络和地面控制中心服务器通信；工作面采煤机机身安装 1 台 5G CPE 无线信号转换器，通过 RJ45 网口接入采煤机机身惯导、煤岩识别装置、采煤机通信控制模块等设备，5G CPE 和端头端尾 RRU 基站实时通信，实现采煤机机身设备与地面控制中心服务器通信；安装在工作面端头或端尾液压支架上的测量机器人通过网线连接到液压支架上的 5G CPE 无线信号转换器，实现通过 5G 网络与采煤机机身惯导互馈联动，如图 6-49~图 6-51 所示。

6.8.8　采煤机与地质模型的耦合技术

基于精确大地坐标的综采工作面自适应开采的关键是实现工作面采煤机和地质模型的耦合联动：

（1）测量机器人和惯导编码器组合定位装置精准测量采煤机等设备大地坐标，实现设备与具有大地坐标的三维地质模型的空间位置融合。

图 6-49　4K 高清影像

图 6-50　惯性导航数据传输

图 6-51　采煤机牵引远程控制

（2）预测截割计算服务自动计算出未来 N 刀的采煤截割线和网格 Δh（相邻两刀截割线的同一网格高程差值），结合当前工作面位置、采煤机滚筒截割深度、历史截割轨迹、工作面刮板输送机垂直弯曲角度、工作面最大及最小采高等约束条件，计算出采煤机两个滚筒的采高和卧底修正数据序列并发送给地质信息传输协议 GITP（Geological Information Transmission Protocol）模块。

（3）采煤机接收到修正数据后，对数据进行校验，并反馈数据使用状态和是否有效，当数据校验通过后开启自适应割煤，割煤过程中两个滚筒根据修正数据实时调节滚筒高度以适应煤层起伏变化，如图 6-52 所示。

（4）空间数据库提供自适应采煤过程中的测量控制点、设备参数、地质模型、截割轨迹、煤岩层界线、预测截割线的存储和查询功能。

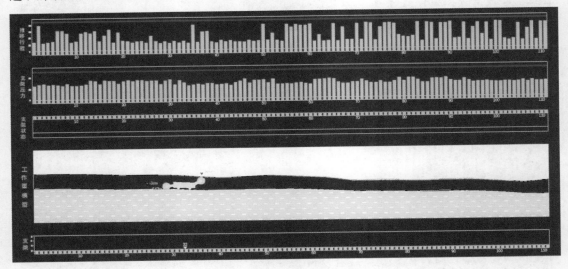

图 6-52　采煤机与地质模型的耦合

6.8.9　基于 TGIS 的煤矿综采工作面智能管控

时态地理信息系统（Temporal Geographic Information System，TGIS）"一张图"与工业组态控制一体化集成，将矿井各类地理信息按时空数据模型的组织方式统一存储在空间数据库中，通过矿山 GIS "一张图"分布式协同一体化技术，实现"采、掘、机、运、通"等相关的图形数据、属性数据处理与应用。同时，将工业组态控制与 GIS 深度融合，通过 GIS 和 BIM 三维高精度建模以及精确定位等技术实现采煤机和三维地质模型的耦合，在 TGIS "一张图"环境下利用可视化脚本编程功能实现对真实设备的数字孪生可视化管控，实现在地面调度室远程操控三机、采煤机规划自适应截割、液压支架自动跟机等煤矿智能化管控应用。

6.8.9.1　综采工作面智能管控 TGIS 平台

面向煤矿综采工作面智能管控的 TGIS 平台框架如图 6-53 所示，整个平台以"一张图时空数据库"为核心，以智能化开采运行控制为主线，赋予各类煤矿专题数据以 $(x，y，t)$、$(x，y，z，t)$ 的表现形式，通过开发、适配各类智能化装备的控制接口，将 GIS 应用领域从以往的空间信息管理拓展到了面向智能化矿山的管理和控制。这里需要说明的是，如果 TGIS 的数据源是 (x, y, t)，那么相关的图形系统还是二维的，只是有时间轴而已；如果 GIS 的数据源是 (x, y, z, t)，那么相关的图形系统其表现形式是三维的，但系统设计和管控层面是四维的。

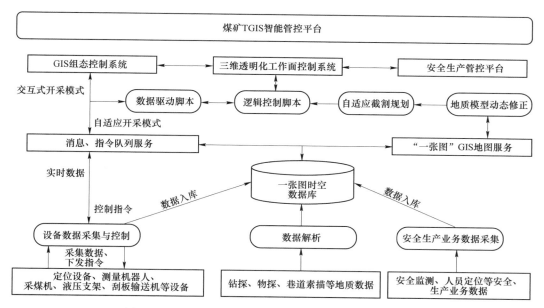

图 6-53　面向煤矿综采工作面智能管控的 TGIS 平台框架

煤矿 TGIS "一张图" 智能管控平台主要包括面向智能化管理和控制的时态地理信息系统（TGIS）、数据子系统（数据采集与控制）、服务子系统（实时数据及 "一张图" 服务）和控制子系统（智能化装备控制）：

（1）时态地理信息系统（TGIS）。由于智能开采具有自动化、协同化、在线化的特点，时态地理信息系统不仅能够兼顾智能化开采全过程要素的空间、时间、专题属性三方面特征，能够表达和存储要素状态和变化过程，而且还能够通过空间、时间关联接入开采环节相关的各类专题属性数据，包括实时数据、历史数据等。

（2）数据子系统。将采集的智能化设备数据、地质解析数据、安全生产业务数据等统一存储到一张图时空数据库中。一张图时空数据库是 GIS 空间数据库的扩充和完善，其构建是在传统空间数据库技术的基础上，增加对时态数据的支持，实现矿山 "开采前、开采中、开采后" 整个时空演化过程的全流程管理和存储。系统采集完的数据通过消息队列系统发布，供 GIS 组态控制系统、三维透明化工作面控制系统、安全生产管控平台订阅使用；同时系统也订阅以上系统的控制指令，服务于对工作面设备的集中控制。

（3）服务子系统。基于一张图时空数据库，提供工作面基础地理空间数据发布及更新服务，并通过对开采实时数据的分析处理，结合工作面三维地质模型，提供开采区域模型动态更新、实时剖切、采煤截割线、俯仰采规划线等所有与空间数据相关的服务接口，是衔接地质模型空间场景与智能开采设备场景的中枢环节，实现了地质模型与开采设备模型的无缝耦合。

系统采用消息队列方式将自动化数据进行实时发布、分发及存储。消息队列系统是整个平台数据传输和通信的神经中枢，对外提供消息队列发布订阅服务，负责平台所有实时数据及消息的发布与订阅，保证各个系统之间消息、数据、指令的即时传输。同时，消息队列系统还为第三方系统提供数据接口服务并归档存储变化的历史数据到数据库系统。数据库系统采用大数据存储架构，实现多源、异构数据的归档和存储，为可视化管控系统提供历史数据查询、分析和数据挖掘。

（4）控制子系统。采用 TGIS 可视化方式，提供多维管控系统。该系统是整个平台所有数据可视化管理和远程控制的自动或人机交互窗口，通过与数据子系统的实时数据交换，实现矿井各类信息的融合集成和联动控制。系统提供了包括地层、巷道、设备、人员等专题内容在内的矿井二维及三维地理空间可视化环境，实时获取消息队列系统发布的相关数据，以 GIS 组态控制、二维平面或三维透明化场景控制、安全生产管控平台的方式实现大数据联控分析和自适应、交互式管控应用，实现矿井少人或无人工作。

6.8.9.2 基于 TGIS 平台的组态控制技术

智能管控 TGIS 平台提供了对组态控制的多种支持，方便对接和集成现有装备管控体系，充分发挥 GIS 平台在空间数据管理和"一张图"一体化集成及关联方面的优势，将煤矿井下地理信息与智能化设备运行、定位和控制有机结合，形成一张高精度的开采规划地图，指导采煤机及成套装备按照规划路径自适应开采：

（1）提供对传统组态控制接口的支持。煤矿现有生产装备和各类辅助子系统通常已经建立了组态控制或综合自动化集控系统，TGIS 平台可以通过组件开发和集成，将 GIS 地图、透明化矿山场景中的各类设备与组态对象建立关联，从而实现在 GIS 统一平台环境下，对智能化装备的远程二维控制（图 6-31 和图 6-32）和三维控制（图 6-40）。

（2）提供 GIS 原生组态可视化及控制支持。基于自主 TGIS 平台，融合工业物联网控制技术，将组态软件的实时可视化及控制融入 GIS 内核，在 GIS 平台中增加实时数据展现、脚本化数据驱动、工业控制接口集成等功能，充分发挥 GIS 强大的空间数据管理支撑，借助高精度空间定位，将真实一张图宏观空间场景与开采设备微观模型无缝耦合，实现基于 GIS"一张图"的工作面智能开采控制，如图 6-54 所示。

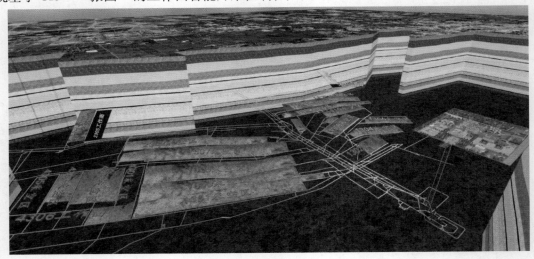

图 6-54 基于 GIS 平台的智能开采控制

（3）提供工作面设备驱动支持。基于TGIS平台开发通用Modbus设备驱动模块，支持综采工作面的电液控系统、采煤机及皮带运输系统、泵站系统、组合开关、定位导航设备等通过Modbus方式的数据采集和交互控制，实现通过TGIS平台与井下设备之间的实时数据采集、处理和交互控制等。

6.8.9.3 透明化工作面管控

通过时态地理信息系统（TGIS，这里包括4D-GIS）与工业组态控制的一体化集成，利用可视化脚本编程，实现对真实设备的数字孪生可视化管控，建立工作面智能化运行的中心软件控制平台。基于平台可在地面调度室完成一键启停三机、采煤机规划自适应截割、液压支架自动跟机等远程控制，实现采煤机自适应割煤的目标，如图6-55~图6-57所示。

图 6-55 工作面可视化管控

图 6-56 液压支架控制

图 6-57　采煤机控制

6.8.9.4　工作面自适应截割及调直

利用采煤机上一刀实际截割轨迹（绝对坐标）和采煤机进刀深度，将工作面高精度地质模型剖切出下一刀的煤层顶底板数据，结合采煤机采高和卧底调整量限定，规划下一刀的顶底预测板截割线，发送给采煤机规划截割模块，按照截割线自动割煤，如图 6-58 所示。

图 6-58　采煤机按照截割线自动割煤

利用安装在煤机机身的高精度惯导生成采煤机当前刀运行轨迹并记录采煤机下一刀运行轨迹，根据刮板实际曲线和目标轮廓直线计算出每台支架的移架行程调整量，并将调整量发给电液控系统，由电液控系统控制单台支架的下一循环推溜行程，最终达到工作面调直的目的，如图 6-59 所示。

图 6-59　工作面自动调直

6.8.10　综采工作面智能自适应割煤

TGIS 智能管控平台和相关集成应用系统，实现了较为复杂地质条件下的综采工作面智能自适应割煤，主要步骤和应用如下：

（1）工作面设备依次开启运行后，采煤机向 TGIS 智能管控平台请求地质模型数据，管控平台将修正数据通过 5G 网络发送至采煤机，指导采煤机自适应割煤，如图 6-60~图 6-64 所示。

图 6-60　综合智能管控

图 6-61　智能割煤

图 6-62　支架护帮板智能控制

图 6-63　液压支架智能控制

图 6-64　工作面智能调直

（2）管控平台利用数字孪生技术实现采煤机、液压支架、三机及皮带系统的虚拟现实还原，实现工作面设备的数据驱动；需要远程干预时，地面集控员可切换至远程干预模式，对采煤机、支架系统、三机及皮带进行远程干预控制；平台同步记录采煤机、液压支架作业循环数据，为工作面大数据智能分析提供基础数据，如图 6-65~图 6-67 所示。

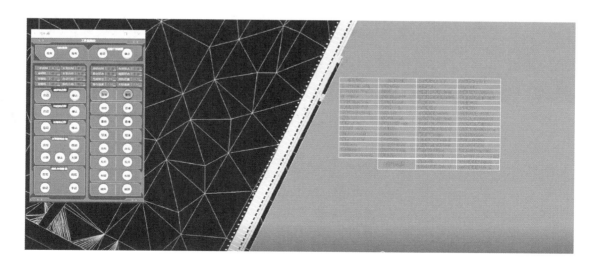

图 6-65　采煤机运行状态监控

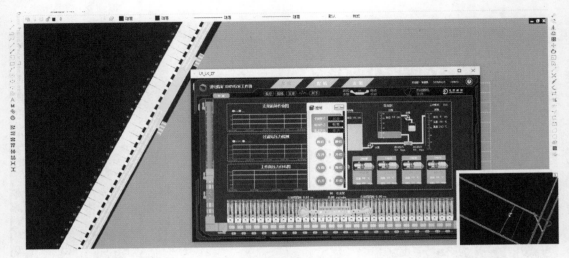

图 6-66   工作面综合调度

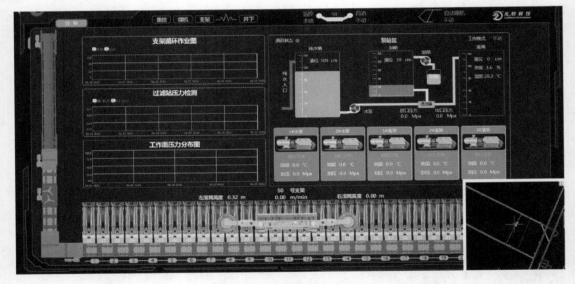

图 6-67   工作面信息监控

思 考 题

1. 说明透明化智能综采系统逻辑构架和业务流程。

2. 试阐述透明化工作面构建方法。

3. 试阐述工作面精确定位导航和测量机器人系统工作原理。

4. 试阐述高精度地质模型建模和工作面截割路径自动生成原理。

5. 试阐述采煤设备和地质模型耦合的方法原理。

6. 试阐述数字孪生智能综采面构建技术原理。

7. 试阐述 5G 技术智能综采工作面应用原理。

8. 试阐述工作面智能截割及调直的实现方法。

9. 试阐述基于 TGIS 的煤矿综采工作面智能管控原理。

10. 试阐述综采工作面智能自适应割煤工作流程。

7 矿井灾害事故

本章提要： 介绍矿井水灾事故、顶板事故、冲击地压事故、矿井火灾事故、瓦斯爆炸事故、煤尘爆炸事故、煤与瓦斯突出事故的发生原因、征兆、现象、危害、预防及应急处置措施。

关键词： 矿井水灾；顶板事故；冲击地压；矿井火灾；瓦斯爆炸；煤尘爆炸；煤与瓦斯突出

7.1 矿井水灾

7.1.1 矿井水灾危害

7.1.1.1 矿井水灾危害

矿井在建设和生产过程中，地表水、地下水、老空水通过各种通道涌入矿井，当矿井涌水超过正常排水能力时，就造成矿井水灾。矿井水灾（通常称为透水）一旦发生，不但影响矿井正常生产，而且有时还会造成人员伤亡，淹没矿井，危害十分严重，如图7-1~图7-5所示。

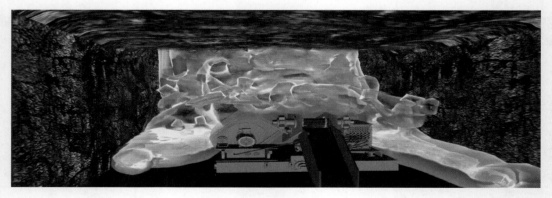

图7-1 工作面突水

7.1.1.2 矿井水灾类型

造成矿井水灾必须具备两个基本条件，即存在涌水水源和涌水通道。

矿井水灾一般分为地表水、老窑水、孔隙水、裂隙水和岩溶水五大类水灾。水源进入矿井的可能通道有断层破碎带、采掘过程中形成的裂缝、塌陷坑、溶洞、井巷封闭不好或没有封孔的旧钻孔等等。

图 7-2　持续涌出

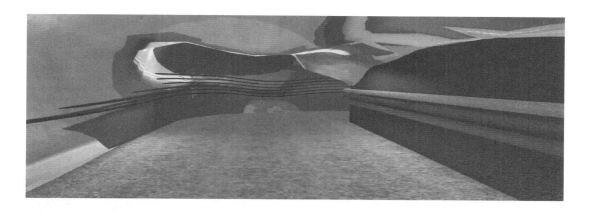

图 7-3　淹没巷道

图 7-4　突水蔓延

图 7-5　淹没更高处巷道

7.1.2　矿井水灾预兆

为预防井下透水，应掌握透水前的征象和规律。矿井透水可能会出现以下征兆：

（1）煤层发潮发暗。由于水的渗入，使煤层变得潮湿，光泽变暗淡。如果挖去一层仍是这样，说明附近有积水，如图 7-6 所示。

图 7-6　煤层发潮变暗

（2）煤壁或巷道壁"挂红"。如老空水，一般积存时间较长，水内含有铁的氧化物或硫化矿物，通过煤岩裂隙而渗透到采掘工作面煤岩体表面时，会呈现暗红色水锈，这种现象叫挂红，这是接近老空积水的征兆。

（3）巷道壁或顶板"挂汗"。积水区的水在自身压力作用下，通过煤岩裂隙而在采掘工作面的煤岩壁上结成许多水珠，如图 7-7 所示。

（4）出现工作面顶板淋水加大、顶板来压或底板鼓起现象，如图 7-8 所示。

（5）空气变冷。采掘工作面接近积水区域时，空气温度会下降，煤壁发凉，人一进入工作面就有凉爽、阴冷的感觉。当采掘工作面气温较高时，从煤壁渗出的积水，会被蒸发而形成雾气，如图 7-9 所示。

（6）水叫。煤岩层裂缝中有水挤出，发出"嘶嘶""吱吱"的响声，有时还可听到像低沉的雷声或开锅水声，这都是透水的危险征兆，如图 7-10 所示。

图 7-7 煤壁"挂汗"

图 7-8 顶板淋水加大

图 7-9 空气产生雾气

（7）采掘工作面有害气体增加。积水区向外散发瓦斯、二氧化碳、硫化氢等有害气体。

（8）裂隙出现渗水等。如果出水清净，则离积水区较远；若浑浊，则离积水区已近。

（9）水色发浑，有臭味。

图 7-10　有"吱吱"水叫声

7.1.3　造成矿井水灾的原因

造成矿井水灾的主要原因通常包括以下方面：

（1）地面防洪、防水措施不当或管理不善，地表水（多为雨季降水）大量灌入井下，造成水灾。

（2）水文地质情况不清，井巷接近老空积水区、充水断层、陷落柱、强含水层以及打开隔离煤柱，未执行探放水制度，盲目施工，或者虽然进行了探水，但措施不当。

（3）井巷位置设计不当。如将井巷置于不良地质条件中或过分接近强含水层等水源，导致施工后，因地压和水压共同作用而发生顶、底板透水。

（4）井巷施工质量伪劣，致使矿井井巷严重塌落、冒顶、跑砂导致透水，或工程钻孔在固井止水前误穿巷道，导致顶板含水透水。

（5）测量错误，导致巷道穿透积水区。

（6）井下无防水闸门或虽有而管理、组织不当，造成透水时无作用而淹井。

（7）出现透水预兆未觉察或未被重视或处理不当造成透水。

（8）排水设备能力不足或设备不完好。

（9）排水设备平时维护不当。如水仓不按时清挖，储水能力不足而淹井。

（10）其他原因。

7.1.4　矿井发生突水事故时的应急避险

当发现采掘工作面有透水预兆时必须停止作业，沿避灾路线或最短安全路线撤离到安全区域，并向调度室汇报，由调度室通知井下灾区人员按避灾路线迅速撤离。

撤退时要迅速带好自救器。避灾路线要遵守水往低处流入往高处走的原则，按水灾避灾路线标识牌指示方向撤退。

掘进工作面避灾路线：掘进工作面巷道口→采区（进、回）风上山→主要（进、回）风大巷→主、副井底车场（回风井底车场）→主、副井（回风井）→地面。

回采工作面避灾路线：突水地点→工作面回风顺槽→采区（进、回）风上山→主要（进、回）风大巷→主、副井底车场（回风井底车场）→主、副井（回风井）→地面。

7.1.5 矿井水灾的预防措施

（1）地表修筑防排水工程，防止地表水和大气降水渗入矿井。井口和工业广场内的主要建筑物标高应该在当地历年最高洪水位以上。

（2）做好水害分析预报，坚持"有疑必探、先探后掘"的探防水原则。在采掘过程中，如前方接近水淹井巷、老空、老窑、含水层、导水断层、陷落柱、可能出水钻孔和防水煤柱、可能与地表水相通的断裂破碎带或裂隙发育带、上层采空区积水等疑问区，则采取超前钻探措施，探明水源位置、水压、水量及其与开采煤层的距离，以便采取相应的防治水措施，确保安全生产。

（3）留设防水煤（岩）柱。在受水害威胁的地带，预留一定宽度和高度的煤层或岩层不采，使工作面与水体间保持一定的距离，以防地下水或其他水源溃入工作面，所留的煤层（或岩层）称为防水煤（岩）柱，通常有井田边界隔离煤柱、透水断层隔离煤柱、冲积层隔离煤柱、积水老空区隔离煤柱、含水陷落柱隔离煤柱、水量较大的钻孔隔离煤柱、与被淹井巷的隔离煤柱等。

（4）提前疏干。在探明水源后，根据水源的类型不同采取不同的疏放水方法，人为地、有计划地将老空水、含水层水等引出，消除隐患，为煤矿安全生产创造条件。

（5）注浆堵水。注浆堵水就是将配置的浆液压入井下岩层空隙、裂隙或含水层中，使其扩散、凝固和硬化，使岩层具有较高的强度、密实性和不透水性而达到封堵截断补给水源和加固底层的作用。

（6）建立防水闸门以及防水墙防水。防水闸门和防水墙的主要作用是当煤矿井下发生了突水事故之后，防止突出的水涌入到井下的核心生产硐室，比如中央变电所、井底车场以及水泵房等，将保护区和矿井涌水区域有效地隔离开来。如果在地质勘探的过程发现局部区域有突水危险，在相应的掘进工作面修筑一道防水闸墙，将涌水直接堵在源头，避免水蔓延到全矿。

思 考 题

1. 矿井水灾通常都有哪些预兆？
2. 造成矿井水灾的原因有哪些？
3. 简述矿井发生突水事故时的应急避险措施。
4. 试述矿井水灾的预防措施。

7.2 顶 板 事 故

7.2.1 顶板事故简介

7.2.1.1 顶板事故

顶板事故是指煤矿生产过程中，煤层顶板突然冒落造成人员伤亡、设备损坏、生产中止的事故，如图 7-11～图 7-15 所示。

顶板事故按发生地点可分为巷道顶板事故和采场顶板事故两大类。

图 7-11　出现冒落征兆

图 7-12　掉渣

图 7-13　垮落

7.2.1.2　顶板事故发生的征兆

（1）顶板连续发生断裂声。这是由于直接顶与老顶发生离层，或顶板切断而发生的声响。有时采空区顶板发生像闷雷一样的声音，这是老顶板和上方岩层产生离层或断裂的声音，如图 7-16 和图 7-17 所示。

图 7-14　持续垮落

图 7-15　砸毁设备

图 7-16　发出响声

（2）顶板裂隙张开、裂隙增多。顶板的裂隙，一种是地质构造产生的自然裂隙，一种是由于顶板下沉产生的采动裂隙。顶板压力急剧加大时铰接顶梁的楔子挤出或严重变形，如图 7-18 和图 7-19 所示。

图 7-17 闷雷似的断裂声

图 7-18 岩层下沉断裂

图 7-19 楔子挤出

（3）掉渣。顶板岩层破碎下落，一般由少变多，由稀变密，这是发生冒顶的危险信号。

（4）离层。顶板要冒落时，往往出现离层现象。检查是否脱层可用"问顶"的方法，如果声音清脆，表明顶板完好；如果顶板发生"空空"的响声，说明上下岩层之间已经脱离。

（5）漏顶。破碎的伪顶或直接顶（包括顶煤），在大面积冒顶前，有时因为背顶不严和支架接顶不实出现漏顶现象。漏顶如不及时处理，会使棚顶漏空、支架松动或锚杆失效，顶板岩石（或顶煤）继续冒落，就会造成没有响声的冒顶，这是很危险的情况。

（6）煤壁的预兆。由于冒顶前压力增加，煤壁受压后，煤质变软，片帮增多，使用电钻打眼时，钻眼省力，用采煤机割煤时负荷减少。同时，由于煤壁片帮，导致顶板裸露，破碎的直接顶失去支撑也会发生冒顶。

（7）支架的预兆。采煤工作面冒顶前反映在支架上的预兆有活柱下缩速度加快、下缩量增大、支柱被压折压弯或整体向一方倾斜推倒。若是使用木支架时，支架大量折断、压劈并发生声音。在掘进工作面，棚子及前探支架被压弯压劈。这些都说明顶板压力极大，而且支架已难以控制顶板，冒顶事故立刻发生。

（8）含有瓦斯的煤层，冒顶前瓦斯涌出量突然增大；有淋水的顶板，淋水量增加。

7.2.2 巷道顶板事故

巷道顶板事故常发生在空顶区、地质构造带、巷道贯通、厚煤层下分层巷道掘进及大倾角煤层巷道破顶掘进等部位。

（1）空顶引起的局部冒顶。巷道掘进中空顶后没有及时支护，而造成空顶范围内顶板危岩在自重作用下冒落。这是巷道掘进过程中常见的一类顶板事故。

（2）支架（包括锚杆支护）承载能力不足而引起的大面积冒顶事故。架棚巷道支架选择不合理，锚杆支护巷道锚杆布置方式、规格尺寸选择不合理，巷道支护质量不合格等原因而造成支护能力不足，或巷道过地质构造带、贯穿老巷、掘进下分层工作面巷道、上部冒落矸石没有压实，大范围岩层的下沉运动对巷道支护产生冲击载荷，当支护能力不能承受围岩运动的作用力时而引起冒顶事故。

（3）支架稳定性差引起的推垮型事故。在急斜煤层或倾角较大的中斜煤层内掘进巷道时，巷道上部顶板岩层在自重及上覆岩层的作用下，将产生一种沿层面的下滑力。当下滑力超出某一限度后，支架将因不能承受这一侧向力而被推垮。

（4）由于打眼、放炮工作对顶板振动破坏大、放炮后来不及支护、放炮打倒支护棚子等都易造成冒顶。另外，不采用前梁支架、不敲帮问顶而空顶作业也会发生冒顶伤人事故。

7.2.3 采煤工作面顶板事故

7.2.3.1 煤层顶板

煤层顶板是赋存在煤层之上、在煤层之后形成的岩层。由煤层依次向上，煤层顶板依次划分为伪顶、直接顶、老顶三种类型：

（1）伪顶。伪顶是直接位于煤层之上的较薄岩层，极易破碎垮落，随采随落。一般多为炭质泥岩、页岩等，厚度几厘米到几十厘米。

（2）直接顶。直接顶是位于伪顶之上或直接位于煤层（无伪顶）之上的一层或几层岩层，一般由砂质页岩、泥岩、粉砂岩等比较容易垮落的岩层组成。通常在采动后随支护回收自行垮落，有时需要人工放顶。

（3）老顶。老顶是位于直接顶之上或直接位于煤层（无直接顶）之上的厚而坚硬的岩层，一般由砂岩、砾岩、石灰岩等坚硬岩层组成。在采空区可悬挂较长时间不垮落，只发生缓慢的下沉弯曲变形。

工作面采煤后，顶板按分层从下向上依次逐个向下运动，形成垮落带、裂隙带、弯曲下沉带。

7.2.3.2 采场局部冒顶事故

（1）靠近煤壁附近的局部冒顶。由于原生裂隙、构造运动及采动影响，在一些煤层的直接顶中，可能存在两组相交的裂隙而形成"游离"状态的岩块。采煤机割煤或爆破落煤后，如果支护不及时，这类游离岩块可能突然冒落砸人，造成局部冒顶事故。当采用爆破法采煤时，如果炮眼布置不恰当或装药量过多，可能在放炮时崩倒支架（柱）导致局部冒顶。此外，当基本顶来压时，如果煤层本身强度较低，则容易片帮，从而扩大了无支护空间，也会造成局部冒顶。

（2）上、下两出口的局部冒顶。采煤工作面上、下两安全出口处，控顶范围比较大，在掘进巷道时由于巷道支架初撑力一般都很小，很难使直接顶不下沉、松动甚至破碎，当直接顶是由薄层软弱岩层（包括顶煤）组成时更是这样。在上、下两出口处经常要进行工作面输送机机头、机尾的拆移工作，这时难免要替换原来的支护，有时还会碰倒本不该替换的柱子，这时，已破碎的顶板可能局部冒落造成事故。随着采煤工作面的推进，往往要用工作面支护替换原来的巷道支护，在一拆一支的间隙中，已破碎的直接顶也可能局部冒落。

（3）放顶线附近的局部冒顶。放顶线上支柱的受力是不均匀的，当人工回撤受力大的柱子时，往往柱子一卸载，顶板就随着冒落下来。这种情况在分段回柱回撤最后一根柱子时，尤其容易发生。由于断层、裂隙等的切割，直接顶可能形成大块的活动岩块，回柱时活动岩块随之旋转推倒工作面支架而形成局部冒顶事故。当在金属网假顶下回柱放顶时，如果网上有游离岩块，也会发生此类事故。

（4）采煤工作面过断层等地质破坏带附近的局部冒顶。采煤工作面如果遇到垂直工作面或斜交工作面的断层，在顶板活动过程中，断层附近的破断岩石可能顺断层面下滑，从而推倒工作面支架，造成局部冒顶。

7.2.3.3 采场大面积冒顶

大面积冒顶事故是由于直接顶或基本顶大面积运动所造成的，其中包括直接顶和基本顶按预定步距有规律的运动，以及工作面推进至地质构造带所引起的运动。大面积冒顶事故又可分为推垮型、压垮型及砸垮型，一般易发生在开切眼附近、地质破碎带附近、老巷附近，倾角大的地段、顶板岩层含水地段及局部冒顶附近。

（1）基本顶来压时的压垮型冒顶。压垮型冒顶是指因工作面支护强度不足和顶板来压引起支架大量压坏而造成的冒顶事故。

（2）厚层难垮顶板大面积切冒。大面积切冒又称大面积塌冒，是指采空区内大面积悬露的坚硬顶板在短时间内突然塌落而造成的大型顶板事故。当煤层顶板是整体厚层硬岩（如砂岩、砂砾岩、砾岩等，其分层厚度大于5~6m）时，它们要悬露几千平方米、几万平方米，甚至十几万平方米才冒落。这样大面积的顶板在极短时间内冒落下来，不仅由于重量的作用会产生严重的冲击破坏力，而且更严重的是会把采空区的空气瞬时挤出，形成巨大的暴风，破坏力极强。

（3）大面积漏垮型冒顶。由于煤层倾角较大，直接顶又异常破碎，采煤工作面支护系统中如果某个地点失效发生局部漏冒，破碎顶板就有可能从这个地点开始沿工作面往上全部漏空，造成支架失稳，导致漏垮型工作面的冒顶。

（4）复合顶板推垮型冒顶。复合顶板也称为离层型顶板，从本质上讲，是一种在岩性和岩石的力学性等方面特殊组合的直接顶，即煤层上部直接顶是总厚为 0.3~3m 易与上部岩层离层的岩层，而把其上部岩层称为硬岩层，下部软岩层可能是一个整层，也可能是几个分层组成的分层组。推垮型冒顶是指因水平推力作用使工作面支架大量倾斜而造成的冒顶事故。

7.2.4 顶板事故预防

（1）加强矿井地质勘探和地质资料的分析研究，以及矿压观测工作，掌握煤层赋存情况、地质构造、顶底板岩性、煤岩物理力学参数和矿压显现规律。

（2）对顶板进行危险性评价，对顶板灾害的诱发因素以及类型进行深入分析，并给出针对性的预警及防治措施。

（3）掘进巷道时，严禁空顶作业，尽量一次成巷，缩短围岩暴露时间。施工时，设专人观察顶板，认真执行敲帮问顶制度，及时处理隐患。

（4）经常检查巷道支护情况，加强维护，发现有变形或折损的支架，应及时加固修复。

（5）建立矿压在线监测系统，实时监测各回采工作面、采掘巷道及特殊地点的矿压变化及围岩变形情况，实现对顶板灾害的有效预警。

（6）采取有效的支护措施，积极推进支护方式改革，推广应用顶板支护新技术、新工艺、新材料，重点加强对冲击地压、"三软"煤层、复合顶板、极破碎顶板等支护技术难题的科技攻关。特殊条件下要采取有针对性的安全措施。

（7）加强安全制度建立和管理。

思 考 题

1. 简述顶板事故发生的征兆。
2. 试述巷道顶板事故的类型。
3. 试述采煤工作面顶板事故类型。
4. 简述顶板事故的预防方法。

7.3 冲 击 地 压

7.3.1 冲击地压现象

冲击地压（又称岩爆），是指煤矿井巷或工作面周围煤（岩）体由于弹性变形能的瞬时释放而产生的突然、剧烈破坏，导致岩石爆裂并弹射的动力现象，常伴有煤（岩）体瞬间位移、抛出、巨响及气浪等，如图 7-20~图 7-23 所示。它具有很大的破坏性，是煤矿重大灾害之一，易造成群死群伤、巷毁人亡、设备损坏、支架损毁、顶板冒落、通风构筑物破坏，引起矿井通风系统混乱。冲击地压在一定条件下会卷扫巷道积尘，可能引起煤尘爆炸，造成更大的损失。

图 7-20 弹性变形能释放

图 7-21 煤岩爆裂

图 7-22 煤岩抛出

图 7-23　剧烈冲击破坏

最常见的是煤层冲击，也有顶板冲击和底板冲击，少数矿井发生了岩爆。在煤层冲击中，多数表现为煤块抛出，少数为数十平方米煤体整体移动，并伴有巨大声响、岩体震动和冲击波。往往造成煤壁片帮、顶板下沉、底鼓、支架折损、巷道堵塞、人员伤亡。

冲击地压事故一般多发生在采煤工作面和煤巷掘进工作面等井下作业地点。当遇有褶曲构造和断裂构造、局部地应力异常、煤层厚度和倾角的突然变化时也易发生冲击地压。

7.3.2　冲击地压发生征兆及发生条件

7.3.2.1　发生征兆

冲击地压的发生一般无明显前兆。在井下采掘作业地点可能会出现以下征兆：

（1）一些单个碎块从处于高应力状态下的煤或岩体上射落，并伴有强烈声响。

（2）地压活动剧烈，煤壁、巷帮来压，发生片帮。

（3）煤层中产生震动，手扶煤壁感到震动和冲击。

（4）煤炮声连续不断，由远及近，先小后大，先单响后连响等异常响声。

（5）瓦斯涌出量忽大忽小。

（6）煤尘飞扬以及在施工过程中打眼时出现眼口收缩等现象。

7.3.2.2　发生条件

（1）近代构造活动造成深部矿岩内地应力较高，岩体内储存着较大的应变能，当该部分能量超过了岩石自身的强度时，就会发生岩爆事件。

（2）坚硬、新鲜完整、裂隙极少或仅有隐裂隙，且具有较高的脆性和弹性的围岩，能够储存能量，而其变形特性属于脆性破坏类型，当因工程开挖解除应力后，由于回弹变形很小，极有可能造成岩石爆裂并弹出。

（3）如果地下水较少，岩体干燥，也容易发生岩爆。

（4）开挖断面形状不规则，大型洞室群岔洞较多的地下工程，或断面变化造成局部应力集中的地带，是岩爆容易发生区域。

7.3.3　冲击地压危险性预测

冲击地压矿井必须进行区域危险性预测和局部危险性预测。冲击地压危险区域必须进行日常监测。判定有冲击地压危险时，应当立即停止作业，撤出人员，切断电源，并报告相关管理部门。在实施解危措施、确认危险解除后方可恢复正常作业。

煤矿监测预警冲击地压的主要方法有矿压观测法、钻屑法、顶板动态仪、钻孔应力计、电磁辐射法、地音法、微震法等。

7.3.4 冲击地压防范方法

防治冲击地压，本质上就是控制煤岩体的应力状态或降低煤岩体高应力的产生。从生产实际出发，冲击地压的防治方法可分为两类，一类是区域防范方法，另一类是局部解危方法。

7.3.4.1 区域防范方法

（1）冲击地压矿井应选择合理的开拓方式和采掘部署方案，避免形成高应力区。划分井田和采区时，应保证有计划地合理开采，避免形成应力集中的孤立煤柱和不规则的井巷几何形状。开采有冲击危险煤层时，应尽量将主要巷道和硐室布置在底板中，回采巷道宽幅掘进。

（2）选择合理的开采顺序。当有断层和采空区时，应尽量采取由断层或采空区开始回采的顺序。此外，还要避免相向采煤。回采线应尽量成直线，而且有规律地按正确的推进速度开采，一般推进速度不宜过大。

（3）开采保护层。保护层开采是在煤层群开采条件下，首先开采无冲击危险性或冲击危险性较小的煤层，由于其采动影响，使其他有冲击危险的煤层应力卸载，降低采掘过程中发生冲击的可能性。

（4）选择合理的采煤方法。对于具有冲击危险的煤层，应尽量采用长壁式综合机械化开采方法、全部垮落法管理顶板。

（5）缓倾斜、倾斜厚及特厚煤层采用综采放顶煤工艺开采时，直接顶应随采随冒的，应当预先对顶板进行弱化处理。

（6）给煤层或顶板注水，降低煤体或顶板的弹性性质和强度。

7.3.4.2 局部解危方法

（1）钻孔卸压。钻孔卸压就是在具有冲击危险的煤体中钻大直径孔。钻孔后，钻孔周围的煤体受压状态发生了变化，煤体内应力降低，支撑压力分布发生变化，峰值位置向深部转移。

（2）卸压爆破。卸压爆破就是在应力区附近打钻、装药、爆破，其目的也是改变支撑压力带的形状或减小峰值。

（3）煤层注水。煤层注水就是在工作面前方用高压水注入煤体，使煤体含水量达到3%以上。其作用是压裂煤体，破坏煤体结构，从而降低承载力和弹性性能。

（4）顶板预裂爆破。通过爆破方法使顶板破断、开裂，降低其强度，释放因压力而聚集的能量，减少对煤层和支架的冲击振动。

（5）水力压裂。人为地在岩层中预先制造一个裂缝，在较短时间内，用高压水将岩体沿预先制造的裂缝破裂，改变岩体的物理力学性质。

7.3.5 安全防护相关安全规定

（1）进入严重冲击地压危险区域的人员必须采取特殊的个体防护措施。

如为了防止或减轻冲击煤岩碎物对人的胸部伤害，进入严重冲击地压危险区域的人员应穿防冲击背心。

严重冲击地压发生后，常淤塞巷道，破坏矿井通风系统，引起瓦斯积聚或煤与瓦斯突出。因此，进入严重冲击地压危险区域的人员应随身携带隔绝式自救器。

（2）有冲击地压危险的采掘工作面，供电、供液等设备应放置在采动应力集中影响区外。对危险区域内的设备、管线、物品等应当采取固定措施，管路应吊挂在巷道腰线以下。

（3）冲击地压危险区域的巷道必须加强支护，采煤工作面必须加大上下出口和巷道超前支护范围和强度。严重冲击地压危险区域，必须采取防底鼓措施。

（4）有冲击地压危险的采掘工作面必须设置压风自救系统，明确发生冲击地压时的避灾路线。

思 考 题

1. 什么是冲击地压？
2. 试述冲击地压发生征兆及发生条件。
3. 简述冲击地压预测及防范方法。

7.4 矿 井 火 灾

7.4.1 外因火灾和内因火灾

矿井火灾是指发生在煤矿井下巷道、工作面、硐室、采空区等地点的火灾或者能够波及和威胁井下安全的地面火灾。矿井火灾是煤矿主要灾害之一，火灾中产生大量高温烟雾和有毒有害气体（CO、CO_2、SO_2等），会造成井下人员伤亡。矿井火灾还容易引起瓦斯和煤尘爆炸，使灾害更为严重。此外，矿井火灾还会导致矿井设备和煤炭资源严重破坏与损失，如图 7-24~图 7-26 所示。

图 7-24 皮带起火

图 7-25　引发火灾

图 7-26　地面火灾

矿井火灾按引火热源的不同可分为外因火灾和内因火灾两类。外因火灾是指由外部火源引起的火灾。如电流短路、焊接、机械摩擦、违章放炮产生的火焰、瓦斯和煤尘爆炸等都可能引起该类火灾。内因火灾又称自燃火灾。它是指由于煤炭或其他易燃物自身氧化积热，发生燃烧引起的火灾。在自燃火灾中，主要是由于煤炭自燃而引起的。自燃火灾的火源较隐蔽，常发生在人们难以进入或不能进入的采空区或煤柱内，致使灭火难度加大，很难在短时间内扑灭，以致有的自燃火灾持续数月、数年之久，甚至更长时间，这不仅严重危及人身安全，而且导致大量煤炭资源损失。

在矿井火灾事故中，内因火灾占很大比例。

7.4.2　外因火灾发生原因

煤矿井上、下存在大量的可燃物质，主要有以下几类：

（1）坑木、胶带、电缆、风筒等固体易燃物。

（2）变压器油、润滑油和液压联轴器内的透平油等油脂。

（3）煤和含碳的页岩等碳质类物质。

（4）瓦斯、氢气、一氧化碳等可燃气体。

煤矿常见的外因火源主要有以下几种：

（1）电能热源，包括电（缆）流短路或导体过热、电弧电火花、烘烤（灯泡取暖）、静电等。

（2）摩擦热，如胶带与滚筒摩擦、胶带与碎煤摩擦以及采掘机械截齿与砂岩摩擦等。

（3）放明炮、糊炮、装药密度过大或过小、钻孔内有水、炸药受潮以及封孔炮泥长度不够或用可燃物（如煤粉、炸药包装纸等）代替炮泥等违反爆破操作规程的操作，都有可能发生爆燃，引起煤尘或瓦斯爆炸。

（4）液压联轴器喷油着火引燃周围可燃物，酿成井下火灾。

（5）各种明火，如高温焊渣、吸烟等。

7.4.3 煤炭自燃火灾

煤炭自燃是指有自燃倾向性的煤层被开采破碎后在常温下与空气接触，发生氧化，产生热量使其温度升高，出现发火和冒烟的现象叫自燃发火。

煤的自燃性的主要影响因素包括煤的分子结构、煤化程度、煤岩成分、煤中的瓦斯含量、水分、煤中硫和其他矿物质等。

从煤层被开采破碎、接触空气之日起，至出现上述定义的自燃现象或温度上升到自燃点为止，所经历的时间叫煤层的自燃发火期，以月或天为单位。

煤炭自燃的必要充分条件是：

（1）有自燃倾向的煤被开采后呈破碎状态，堆积厚度一般要大于0.4m。

（2）有较好的蓄热条件。

（3）有一定的通风供氧条件。

（4）上述三个条件共存的时间大于煤的自燃发火期。

矿井自燃火源主要分布在采空区、煤柱、巷道顶煤和断层附近。

（1）采空区。采空区火灾占50%以上。自燃火源主要分布在有碎煤堆积和漏风同时存在、时间大于自然发火期的地方。从已发生自燃的火源分布来看，多煤层联合开采和厚煤层多层开采时，采空区自燃火源多位于停采线和上、下平巷附近，即所谓的"两道一线"。中厚煤层采空区的火源大多数位于停采线和进风道。当采空区有裂隙与地表或其他风路相通时，在有碎煤存在的漏风路线上都有可能发火。

（2）煤柱。尺寸偏小、服务期较长、受采动压力影响的煤柱，容易压酥碎裂，其内部产生自燃火源。

（3）巷道顶煤。采区石门、综采放顶煤工作面沿掘进的进回风巷等，巷道顶煤受压时间长，压酥破碎，风流渗透和扩散至内部，便会发热自燃。综采放顶煤开采时上下巷顶煤发火较严重。

（4）断层和地质构造附近。

7.4.4 预防煤自燃的开采技术措施

（1）坚持自上而下的开采顺序。

（2）合理确定近距离相邻煤层（下煤层顶板冒落高度大于层间距）和厚煤层分层同采时两工作面之间的错距，防止上、下之间采空区连通。

（3）选择合理的采煤方法和先进的回采工艺，提高采出率，加快回采进度，减少丢煤，减少或消除自燃物质基础。

（4）消除漏风通道、减小漏风压差，限制或阻止空气流入和渗透至酥松的煤体，消除自燃供氧条件。

（5）合理进行巷道布置。服务时间较长的巷道应尽量采用岩石巷道，布置在煤层中时应尽量宽煤柱支护。采区巷道布置应有利于采用均压防火技术。区段巷道分采分掘。

（6）推广无煤柱开采技术，减少煤柱发火，并采取阶段跳采、巷旁充填技术等措施解决取消煤柱之后所带来的采空区难以密闭和隔离等问题。

（7）选择合理的通风系统。矿井采用对角式和分区式通风系统比中央式通风系统更有利于防火。通风系统要在一定范围内具有可调性。当一个采区发生火灾时，能够根据救灾的需要，做到随时停风、减风或反风，这样当一个采区一旦发生火灾时，就有条件防止火灾气体侵入其他采区，避免扩大事故范围。在巷道布置上，要为分区通风和局部反风创造条件。选择采区和工作面通风系统的原则应尽量减少采空区的漏风压差，不要让新、乏风从采空区边缘流过。

7.4.5　矿井火灾防治

预防矿井火灾的措施：

（1）严禁携带纸烟、火柴、打火机等易燃物和引火物下井。

（2）工业广场内的进、回风井口 20m 内严禁烟火。

（3）使用合格的阻燃性输送带。

（4）预防放炮引火、电气引火、焊接引火、摩擦生火等引发火灾现象发生。

（5）加强"一通三防"管理，拟定切实可行的管理制度和煤层自然发火综合防治措施，保证通风系统的良好运行等。

预防煤自燃火灾可采取以下技术措施：

（1）合理的煤炭开采技术。如采用煤层暴露面积小、煤炭回收率高、回采速度快的开采技术有利于防止煤自燃火灾。

（2）预防性灌浆技术。在地表将黏土等固体材料与水混合、搅拌，配制成一定浓度的浆液，借助输浆管路注入或喷洒在采空区里，达到防火和灭火的目的。

（3）阻化剂防灭火技术。阻化剂又称为阻氧剂，将阻化剂通过喷洒、压注或雾化的形式，输运到采空区或煤体中，起到阻化的作用。

（4）惰气防灭火技术。惰气防灭火技术就是用惰气充满任何形状的空间并将氧气排挤出去，从而使火区中因氧含量不足而将火源熄灭，或者使火区内氧气含量不足而不能氧化自燃。

（5）漏风封堵技术。采取有效的封堵漏风通道的措施，如夹缝密闭墙堵漏技术、喷射水泥砂浆堵漏技术、高惰泡沫堵漏技术，防止漏风而引起煤自燃火灾。

（6）均压防灭火技术。利用风窗、风机、调压气室和连通管等调压设施，改变漏风区域的压力分布，降低漏风压差，减少漏风，从而达到抑制遗煤自燃、惰化火区，或熄灭火源的目的。

（7）胶体防灭火技术。高水胶体通过钻孔或煤体裂隙进入高温区，其中一部分未成胶时在高温情况下水分迅速汽化，快速降低煤表面温度，残余固体形成隔离层，阻碍煤氧接触而进一步氧化自燃。而流动的部分混合液随着煤体温度的升高，在不远处及煤体孔隙里形成胶体，包裹煤体，隔绝氧气，使煤氧化、放热反应终止。随着注胶过程的不断进行，成胶范围不断扩大，火势熄灭圈增大，直至整个火源熄灭。

（8）隔绝灭火。当不能直接将火源扑灭时，为了迅速控制火势，使其熄灭，可在通往火源的所有巷道内砌筑密闭墙（有瓦斯爆炸危险时，需要构筑防爆密闭墙），使火源与空气隔绝，达到灭火目的。

思　考　题

1. 试述外因火灾的基本概念和发生原因。
2. 阐述内因火灾基本概念、发生原因和可能发生的位置。
3. 预防煤自燃的开采技术措施主要有哪些？
4. 简述矿井火灾防治的主要方法。

7.5　瓦斯爆炸事故

7.5.1　瓦斯基本概念

煤矿瓦斯是指煤矿生产过程中，从煤、岩内涌出的各种有害气体的总称，而煤矿术语中的瓦斯是指甲烷（CH_4）。甲烷是无色、无味、无嗅、可以燃烧或爆炸的气体，对人呼吸的影响与氮气相似，可使人窒息。

煤层中瓦斯是腐植型有机物（植物）在成煤过程中生成的，以游离和吸附两种状态存在于煤体中。煤矿瓦斯是一种清洁能源。

煤层受采掘工作影响，导致煤岩的原始平衡状态受到破坏，瓦斯从煤层的暴露面向开采空间涌出。瓦斯涌出有两种形式，一是长时间地、缓慢地从煤层中释放出来，叫瓦斯的普通涌出，这是瓦斯的基本、常见形式；二是瓦斯突然、大量地从煤层中喷出，有时伴随大量煤、岩石突出。

瓦斯涌出量的表示方法有绝对瓦斯涌出量和相对瓦斯涌出量两种。绝对瓦斯涌出量是指单位时间涌出的瓦斯体积，单位为 m^3/d 或 m^3/min；相对瓦斯涌出量是指平均日产一吨煤同期所涌出的瓦斯量，单位为 m^3/t。

采煤工作面瓦斯主要来源为煤壁、落煤和采空区三个部分。掘进工作面瓦斯主要来源于煤壁和落煤。

为了便于对瓦斯矿井进行分级管理，按照瓦斯涌出的形式和涌出的大小，将矿井分成不同的瓦斯等级，这对于矿井设计和日常通风管理都十分必要。

矿井瓦斯等级划分为三个等级：

（1）低瓦斯矿井。矿井瓦斯相对瓦斯涌出量小于或等于 $10m^3/t$ 且矿井绝对瓦斯涌出量小于或等于 $40m^3/min$。

（2）高瓦斯矿井。矿井相对瓦斯涌出量大于$10m^3/t$或矿井绝对瓦斯涌出量大于$40m^3/min$。

（3）煤（岩）与瓦斯（CO_2）突出矿井。矿井在采掘过程中，只要发生过一次煤与瓦斯突出，该矿井即为突出矿井，发生突出的煤层定为突出煤层。

7.5.2 瓦斯爆炸

7.5.2.1 瓦斯爆炸危害

矿井生产过程中从煤、岩内涌出的瓦斯，与空气混合达到一定浓度时遇火能燃烧或爆炸。瓦斯爆炸产生高温高压，形成强大的冲击波，所到之处造成人员伤亡、设备和通风设施损坏及巷道垮塌，如图7-27～图7-32所示。

图7-27 瓦斯涌出

图7-28 空气中的瓦斯

图7-29 遇火爆炸

图 7-30 瓦斯爆炸

图 7-31 爆炸危害严重

图 7-32 造成人员伤亡

瓦斯爆炸后产生大量有毒有害气体，特别是产生的一氧化碳（CO）对受灾人员是致命的。如果有煤尘参与爆炸，CO 的生成量更大，往往成为人员大量伤亡的主要原因。

7.5.2.2 瓦斯爆炸条件

瓦斯爆炸必须同时具备三个条件是：

（1）空气中的瓦斯浓度必须达到 5%～16%，如图 7-33 所示。

图 7-33　瓦斯浓度达到 5%～16%

（2）温度为 650～750℃ 的引爆火源，如电火花、放炮产生的火花、撞击摩擦火花、明火等，如图 7-34～图 7-40 所示。

图 7-34　引爆火源

图 7-35　电火花

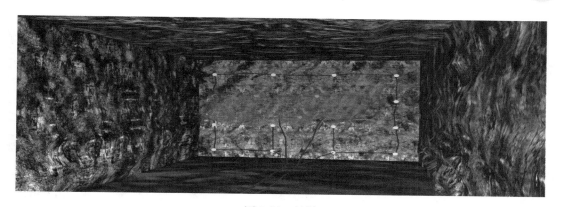

图 7-36　起爆

图 7-37　放炮火花

图 7-38　撞击摩擦火花

（3）氧气浓度不低于 12%，如图 7-40 所示。

7.5.3　矿井瓦斯爆炸原因

　　井下的一切高温热源都可以引起瓦斯燃烧或爆炸，但主要火源是爆破和机电火花。随

图 7-39　明火

图 7-40　氧气浓度

着煤矿机械化程度的提高，摩擦火花引燃瓦斯的事故逐渐增多。

煤矿任何地方都有发生爆炸的可能性，但大部分爆炸事故发生在采掘工作面。

采煤工作面容易发生瓦斯爆炸的地点为工作面的上隅角。因为采空区内积存高浓度瓦斯，上隅角又往往是采空区漏风的出口，漏风将高浓度瓦斯带出。工作面出口风流直角拐弯，上隅角形成涡流后，瓦斯不容易被风流带走，所以容易积聚瓦斯，达到爆炸程度。上隅角附近常设置回柱绞车等机电设备，有可能产生火花。此外，工作面上出口附近的煤帮在集中应力作用下，变得比较疏松，自由面增多，爆破时容易发生虚炮，产生火源机会多。

采煤工作面另一容易发生爆炸事故的地点，是采煤机工作时截割机构附近。截槽内，截盘附近和机壳与工作面煤壁之间，瓦斯涌出量大，通风不好，容易积聚瓦斯。如采煤机机械电气设备防爆性能不好，截齿与坚硬夹石（如黄铁矿）摩擦火花，则易形成点燃瓦斯的火源。

掘进工作面较易发生瓦斯爆炸的原因，一方面是这些地点采用局部通风机通风，如果局部通风机停止运转、风筒末端距工作面较远、风筒漏风太大或局部通风机供风能力不够，以致风量不足或风速过低，瓦斯容易积聚。另一方面，爆破、掘进机械、局部通风、电钻等的操作管理，如不符合规定，容易产生高温火源。

低瓦斯矿井，由于通风、爆破和机电设备管理不严格，爆炸事故有可能比高瓦斯涌出量矿井还要严重。

分析爆炸事故的原因还表明，绝大多数爆炸事故是管理上疏忽和人为违反安全规程，以及缺少应有的纪律与责任的结果。

7.5.4　预防瓦斯爆炸的措施

7.5.4.1　防止瓦斯积聚

（1）加强通风管理。有效通风是防止瓦斯积聚的最基本最有效方法。瓦斯矿井必须做到风流稳定，有足够的风量和风速，避免循环风。局部通风风筒末端要靠近工作面，爆破时间内也不能中断通风，向瓦斯积聚地点加大风量和提高风速等。加强通风，使瓦斯浓度降低到《煤矿安全规程》规定的浓度以下，即采掘工作面的进风风流中不超过 0.5%，回风风流中不超过 1%，矿井总回风流中不超过 0.75%。

（2）采取通风或封闭等措施及时处理局部积存的瓦斯。生产中容易积存瓦斯的地点有：采煤工作面上隅角、独头掘进工作面的巷道隅角、顶板冒落的空洞内、低风速巷道的顶板附近、停风的盲巷中、综放工作面放煤口及采空区边界处，以及采掘机械切割部分周围等。

（3）抽放瓦斯。对瓦斯含量大的煤层，进行瓦斯抽放，降低煤层及采空区的瓦斯涌出量。

（4）经常检查瓦斯浓度和通风状况，发现异常情况及时处理。

7.5.4.2　防止瓦斯自燃

（1）井口房、瓦斯抽放站及主要通风机房周围 20m 内禁止使用明火。

（2）瓦斯矿井要使用安全照明灯，井下禁止打开矿灯，禁止使用电炉，禁止携带烟草及点火工具下井。井下需要电焊、气焊和喷灯焊接时，应严格遵守有关规定。

（3）严格管理井下火区。

（4）严格执行放炮制度。

（5）严格掘进工作面的局部通风管理。局部通风机和掘进工作面内的电气设备，必须有延时的风电闭锁装置。

（6）高瓦斯矿井和煤（岩）与瓦斯突出矿井的煤层掘进工作面、串联通风进入串联工作的风流中、综采工作面的回风道内、倾角大于 12°并装有机电设备的采煤工作面下行风流的回风巷中，以及回风巷中的机电硐室内，都必须安装瓦斯自动检测报警断电装置。

（7）瓦斯矿井的电气设备要符合《煤矿安全规程》关于防爆性能的规定。

（8）采取措施防止机械摩擦产生火花。

7.5.4.3　防止瓦斯爆炸灾害事故扩大的措施

（1）编制周密的预防和处理瓦斯爆炸事故预案。

（2）实行分区通风。各水平、各采区都必须布置单独的回风道，采掘工作面都应采用独立通风，这样一条通风系统的破坏将不会影响其他区域。

（3）通风系统力求简单，应保证发生瓦斯爆炸时入风流与回风流不会发生短路。

（4）装有主要通风机的出风井口，应安装防爆门或防爆井盖，防止爆炸波冲毁通风机。

（5）为了防止瓦斯局部爆炸而引起其他地点的瓦斯或煤尘连续爆炸，井下必须采取隔爆措施和设置必要的隔爆设施。矿井下的隔爆措施主要是设置隔爆水槽棚或水袋。

思 考 题

1. 解释矿井瓦斯等级划分的概念和划分方法。
2. 瓦斯发生爆炸的条件是什么？
3. 瓦斯爆炸的主要原因有哪些？
4. 阐述预防瓦斯爆炸的措施。

7.6 煤尘爆炸事故

7.6.1 煤尘爆炸现象

煤尘爆炸是在高温或一定点火能的热源作用下，空气中氧气与煤尘急剧反应的过程。煤尘爆炸比瓦斯爆炸更具有危害性，爆炸产生高温、高压，形成强大的冲击波，产生大量有毒有害气体（如 CO 等），对煤矿安全生产具有极大的破坏作用。煤尘爆炸具有连续性，由于煤尘爆炸具有很高的冲击波速，能将巷道中落尘扬起，甚至使煤体破碎形成新的煤尘，导致新的爆炸，有时可如此反复多次，形成连续爆炸，如图 7-41~图 7-52 所示。煤尘

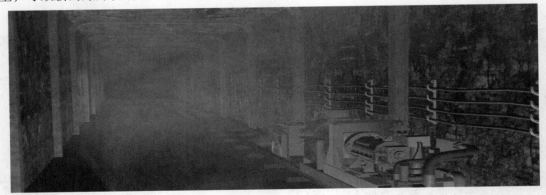

图 7-41 煤尘爆炸场景 1

图 7-42 煤尘爆炸场景 2

被局部焦化，黏结在一起，沉积于支架和巷道壁上形成"黏焦"。"黏焦"是判断井下发生爆炸事故时是否有煤尘参与爆炸的重要标志。

图 7-43 煤尘爆炸场景 3

图 7-44 煤尘爆炸场景 4

图 7-45 煤尘爆炸场景 5

图 7-46 煤尘爆炸场景 6

图 7-47 煤尘爆炸场景 7

图 7-48 煤尘爆炸场景 8

图 7-49 煤尘爆炸场景 9

图 7-50 煤尘爆炸场景 10

图 7-51 煤尘爆炸场景 11

图 7-52 煤尘爆炸场景 12

7.6.2 煤尘爆炸的影响因素

影响煤尘爆炸的因素包括以下几种：

（1）煤的挥发分。煤尘的可燃挥发分含量越高，爆炸性越强。

（2）煤的灰分和水分。煤内的灰分是不燃性物质，能吸收能量，阻挡热辐射，破坏链反应，降低煤尘的爆炸。

（3）煤尘粒度。粒度对爆炸的影响极大。1mm 以下的煤尘粒子都可能参与爆炸，而且爆炸的危险性随粒度的减小而迅速增加。煤尘浓度在 $40\sim2000g/m^3$、$200\sim300g/m^3$ 时威力最强。

（4）空气中氧的含量。空气中氧的含量高时，点燃煤尘的温度可以降低；氧的含量越低时，点燃煤尘越困难，当氧含量低于 13%～16% 时，煤尘就不再爆炸。

（5）空气中的瓦斯浓度。瓦斯参与使煤尘爆炸下限降低。

（6）温度为 700～800℃ 的引爆热源。

7.6.3　防尘及煤尘爆炸事故预防措施

防尘及煤尘爆炸事故预防措施主要包括减少矿山粉尘的产生量、降低空气中的粉尘浓度、加强个体防护、杜绝引爆火源和隔爆措施，主要包括以下几个方面：

（1）通风除尘。通风除尘是通过风流流动将井下作业点的悬浮矿尘带出，降低作业场所的矿尘浓度。决定通风除尘效果的主要因素是风速及矿尘密度、粒度、形状、湿润程度等，能最大限度排除浮尘而又不致使落尘二次飞扬的风速称为最优排尘风速。

（2）井下作业人员佩戴各种防护面具如防尘口罩、防尘风罩、防尘帽、防尘呼吸器等，防止矿尘对人体造成伤害。

（3）采区严格措施杜绝引爆火源，如放炮产生的火源、电气火花、局部地点的火灾或沼气爆炸、金属摩擦热或碰撞火花等。

（4）建立完善的防尘洒水管路系统，净化风流水幕、转载点喷雾防尘设施要齐全完善。矿井主要进风大巷、采区进风巷、采煤工作面进回风巷必须安装净化风流水幕，水幕要能覆盖全断面。

（5）定期对矿井及采区巷道、采掘工作面等地点进行冲洗、清理，杜绝煤尘堆积现象。

（6）条件许可时，采用向煤层及采空区注水湿润煤体的技术措施，能有效降低采煤或掘进作业的煤尘产生量。

（7）采煤机、综掘机作业时，必须使用内外喷雾洒水降尘，采煤机要使用高压喷雾泵。综采工作面移动支架时，必须开启架间喷雾装置。掘进工作面使用除尘风机除尘，对各胶带输送机头进行全封闭降尘。

（8）掘进工作面必须采取湿式钻眼，冲洗井壁巷帮、使用水炮泥、爆破喷雾、装岩洒水和净化风流、使用除尘风机或安装除尘器等综合防尘措施。

（9）开采有煤尘爆炸危险煤层的矿井，必须有预防和隔绝煤尘爆炸的措施。矿井的两翼、相邻的采区、相邻的煤层、相邻的采煤工作面间，掘进煤巷同与其相连的巷道间，煤仓同与其相连的巷道间，采用独立通风并有煤尘爆炸危险的其他地点同与其相连的巷道间，必须用水棚或者岩粉棚隔开。

思　考　题

1. 简述煤尘爆炸特点和影响因素。
2. 简述防尘及煤尘爆炸事故的预防措施。

7.7 煤与瓦斯突出事故

7.7.1 煤与瓦斯突出基本概念

7.7.1.1 危害

煤与瓦斯突出事故，是指煤矿井下采掘过程中，在煤和地应力作用下，突然从煤岩体内喷出大量的煤、岩与瓦斯的动力现象，如图 7-53～图 7-63 所示。煤与瓦斯突出破坏巷道、设备，而且常造成人员伤亡。煤与瓦斯突出时产生的高速瓦斯流（含煤粉或岩粉）能够摧毁巷道设施，破坏通风系统，甚至造成风流逆转。喷出的瓦斯由几百到几万平方米，能使井巷充满瓦斯，造成人员窒息。喷出的煤、岩由几千吨到万吨以上，危害十分严重。动力效应可能导致冒顶和水灾事故发生，有时伴随瓦斯燃烧和爆炸。

图 7-53 煤与瓦斯突出场景 1

图 7-54 煤与瓦斯突出场景 2

7.7.1.2 突出强度

煤和瓦斯突出的强度，常用一次突出的煤量或岩石量表示。100t 以下的为一般突出，100～500t 的为严重突出，500～1000t 的为大突出，1000t 以上的为特大突出。

图 7-55 煤与瓦斯突出场景 3

图 7-56 煤与瓦斯突出场景 4

图 7-57 煤与瓦斯突出场景 5

图 7-58 煤与瓦斯突出场景 6

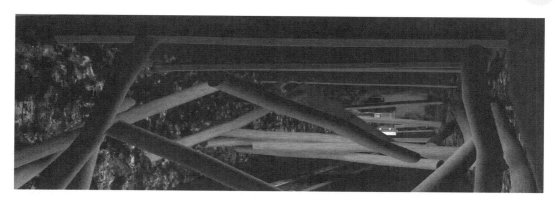

图 7-59 煤与瓦斯突出场景 7

图 7-60 煤与瓦斯突出场景 8

图 7-61 煤与瓦斯突出场景 9

　　煤与瓦斯突出规模有很大的差别，瓦斯突出的规模常用突出强度来表述。突出强度是指每次突出中抛出的煤（岩）量（t）和涌出的瓦斯量（m³），因瓦斯量计量困难，通常以突出的煤（岩）量作为划分依据，一般分为四种：

　　（1）小型突出，突出强度小于 100t；

　　（2）中型突出，突出强度 100~500t；

　　（3）大型突出，突出强度 500~1000t；

　　（4）特大突出，突出强度达到 1000t 以上。

图 7-62　煤与瓦斯突出场景 10

图 7-63　煤与瓦斯突出场景 11

7.7.1.3　突出预兆

煤与瓦斯突出的常见预兆有以下几种：

（1）煤层发出劈裂声、闷雷声、机枪声等，声音由远到近，由小到大，有短暂的，有连续的，时间间隔长短也不一致。支架发出折裂声，煤壁还会发生震动和冲击，如图 7-64~图 7-67 所示。

图 7-64　地压活动剧烈

图 7-65　支架断裂

图 7-66　煤层震动

图 7-67　有煤炮声或闷雷声

（2）矿山压力显现异常，工作面顶板压力增大，煤壁被挤压，片帮掉渣，顶板下沉或底板鼓起，打钻时有顶钻、卡钻、喷瓦斯等现象。钻孔严重变形、跨孔以及炮眼装不进炸药等，如图 7-68 和图 7-69 所示。

（3）瓦斯异常、瓦斯涌出量忽大忽小。

（4）煤层层理紊乱，煤暗淡无光泽，煤质变软、干燥，煤尘飞扬，煤壁发凉。煤厚急剧变化、煤层波状隆起以及层理逆转等，如图 7-70 所示。

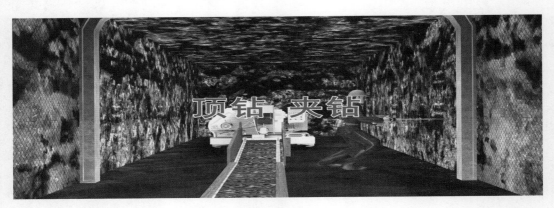

图 7-68　打钻困难

图 7-69　煤体碎块蹦出

图 7-70　煤体干燥

7.7.2　突出的一般规律

（1）突出发生在一定的采掘深度以下，之下的突出次数增多，强度增大。

（2）突出多发生在地质构造附近，如断层、褶区、扭转和火成岩侵入区附近。

（3）突出多发生在集中应力区，如巷道的上隅角，相向掘进工作面接近时，煤层留有煤柱的相对应上、下放煤层处，采煤工作面的集中应力区内掘进时等。

（4）地压越大，突出的危险性越大。当深度增加时，突出的次数和强度都可能增加。

（5）突出次数和强度，随着煤层的厚度特别是软分层的厚度的增加而增加。煤层倾角越大，突出的危险性也越大。

（6）煤层的瓦斯含量和瓦斯压力是影响突出的重要因素。一般来说，瓦斯压力和瓦斯含量越大，突出的危险性越大。但突出与煤层的瓦斯含量和瓦斯压力之间，没有固定的关系。瓦斯压力低、含量小的煤层可以发生突出，同时，瓦斯压力高、含量大的煤层也可能不突出，因为突出是多种因素综合作用的结果。

（7）突出煤层的特点是强度低，而且软硬相间，透气系数小，瓦斯的放散速度高，煤的原生结构遭到破坏，层理紊乱，无明显节理，易粉碎。如果煤层的顶板坚硬致密，其集中应力较大，瓦斯不易排放，突出危险性增大。

（8）煤层比较湿润，矿井涌水量较大，则突出危险性较小，反之则大。这是由于地下水流动，可带走瓦斯，溶解某些矿物，给瓦斯流动创造了条件。

（9）突出一般有外因诱发，尤其在爆破之后。

（10）突出具有延期性。突出的延期性变化就是震动放炮后没有诱导突出而相隔一段时间后才发生突出，其延迟时间从几分钟到几小时。

7.7.3　发生事故时的应急避险

（1）下井人员必须随身携带隔离式自救器，熟悉工作地点的避灾路线。

（2）突出预兆并非每次突出时都同时出现，而是出现一种或几种。当发现有突出的预兆时，现场人员要立即按避灾路线撤离。撤离中快速打开隔离式自救器并佩戴好，迎着新鲜风流继续外撤。采面人员发现预兆时，要迅速向进风侧撤离，并通知其他人员同时撤离。在掘进工作面发现突出预兆时，也必须向外迅速撤离。撤至防突反向风门外后，要把防突风门关好，再继续外撤。

（3）如果自救器发生故障或佩戴自救器不能到达安全地点时，在撤出途中应进入预先筑好的避难硐室中躲避，或在就近地点快速建筑的临时避难硐室中避灾，等待矿山救护队的救援。

（4）遇险矿工在撤退途中，若退路被突出煤矸所堵，不能到达避难硐室躲避时，可寻找有压风管或铁风筒的巷道、硐室暂避，并与外界取得联系。这时，要把压风管的供气阀门打开或接头卸开，形成正压通风，以稀释高浓度瓦斯，供遇险人员呼吸。

7.7.4　煤与瓦斯突出预防

防治突出的目标是将煤层瓦斯含量和压力降低到安全值以下，消除突出危险性。采取的关键措施是煤层卸压、增大透气性和抽采瓦斯。

7.7.4.1　区域性防突措施

（1）开采保护层。在突出矿井中，先开采并能使其上、下相邻的有突出危险的煤层受到采动影响而减少或丧失突出危险的煤层称为保护层，后开采的煤层被称为被保护层。

（2）预抽煤层瓦斯。开采保护层后，应预抽被保护层中的采动卸压煤层的瓦斯。对于无保护层开采的突出危险煤层，可采用大面积网格式穿层钻孔预抽突出危险层瓦斯。

7.7.4.2 局部防突措施

局部防突措施主要用于防治采掘工作面前方煤层瓦斯突出危险。

（1）松动爆破。松动爆破是向掘进工作面前方应力集中区打若干钻孔、装药爆破，使煤层裂隙增加，提高钻孔瓦斯抽采量，加快瓦斯排出，同时可使应力集中区向煤体深部移动，从而在工作面前方造成较长的卸压带。

采煤工作面的松动爆破防突措施适用于煤质较硬、围岩稳定性较好的煤层。

（2）钻孔抽放瓦斯。石门和立井揭煤前，由岩巷或煤巷向其周围的煤层超前打钻，将煤层中的瓦斯经过钻孔自然排放出来，经过检验其突出指标降到安全值以下时，再进行采掘工作。

（3）水力冲孔。水力冲孔是在安全岩（煤）柱的保护下，向煤层打钻后，用高压水射流在工作面前方煤体内冲出一定的孔道，加速瓦斯排放。

（4）金属骨架。金属骨架是一种超前支架。当石门掘进工作面接近煤层时，通过岩柱在巷道顶部和两侧帮上侧打钻，钻孔穿过煤层全厚，进入岩层 0.5m。然后将钢管或钢轨作为骨架插入孔内，将骨架尾部固定，最后用震动爆破揭开煤层。

（5）超前钻孔。在煤巷掘进工作面前方始终保持一定数量的排放瓦斯钻孔，不仅排出瓦斯，同时增加煤的强度，在钻孔周围形成卸压区。

（6）超前支架。在有突出危险的急倾斜厚煤层的煤层平巷掘进时，为了防止因工作面顶部煤体松软垮落而导致突出，在工作面前方巷道顶部事先打一排超前支架，增加煤层的稳定性。方法是先打孔，孔深大于一架棚距，在钻孔内插入钢管或钢轨，尾端用支架架牢，然后掘进。

（7）卸压槽。预先在采掘工作面前方切割出一个缝槽，增加工作面前方的卸压范围。

（8）煤体固化。在石门和立井揭煤前从工作面向巷道周围煤体打钻压注固化材料，增加工作面周围煤体的强度。

思 考 题

1. 试解释煤和瓦斯突出及突出强度的基本概念。
2. 煤与瓦斯突出的常见预兆有哪几种？
3. 试述煤与瓦斯突出的一般规律。
4. 简述发生事故时的应急避险措施。
5. 试述煤与瓦斯突出的预防措施。

8 安全与环保

本章提要：可视化展示安全监控检测系统、人员定位系统、压风自救系统的工作过程。介绍局部通风、皮带运输、工作面电气设备失爆、通风设施、甲烷传感器吊挂位置隐患排查过程。介绍井下不安全行为管理以及采煤塌陷区的形成、分类、治理及生态恢复。

关键词：安全检测监控；人员定位；压风自救；隐患排查；不安全行为管理；采煤塌陷区治理

8.1 安全监控检测系统

8.1.1 基本概念

煤矿安全监控系统是具有煤矿安全相关状态参量采集、传输、存储、处理和运用等功能，用于监测矿井有害气体（CH_4、CO 等）浓度、井下空气质量参数、通风安全装备工作状态，并能实现甲烷超限报警、断电和甲烷风电闭锁控制的系统，一般由主机、传输接口、分站、传感器、断电控制器、声光报警器、电源箱、避雷器等设备组成。

煤炭工业的安全事故较为频发且性质严重，尤其以生产矿井瓦斯爆炸事故最为突出。监测监控系统的功能一是"测"，即检测各种环境安全参数、设备工况参数、过程控制参数等；二是"控"，即根据检测参数去控制安全装置、报警装置、生产设备、执行机构等。若系统仅用于生产过程的监测，当安全参数达到极限值时产生显示及声、光报警等输出，此类系统一般称为监测系统；除监测外还参与一些简单的开关控制，如断电、闭锁等，此类系统称为监测监控系统。

瓦斯矿井必须装备煤矿安全监控系统，安全监控系统必须 24h 连续运行，工作主机发生故障时，备用主机应在 5min 内投入使用。接入煤矿安全监控系统的各类传感器应符合稳定性要求。矿井安全监控系统甲烷传感器应垂直悬挂，距巷道侧壁不得小于 200mm。距顶板不得大于 300mm。煤矿安全监控系统传感器的数据或状态应传输到地面主机。煤矿必须按矿用产品安全标志证书规定的型号选择监控系统的传感器、断电控制器等关联设备，严禁对不同系统间的设备进行置换。国有重点煤矿必须实现矿务局（公司）所属高瓦斯和煤与瓦斯突出矿井的安全监控系统联网；国有地方和乡镇煤矿必须实现县（市）范围内高瓦斯和煤与瓦斯突出矿井安全监控系统联网。煤矿区队长以上管理人员、安检员、班组长、爆破工、电钳工下井时必须携带便携式甲烷检测仪或甲烷检测报警矿灯。煤矿采掘工、打眼工、在回风流工作的工人下井时宜携带甲烷检测报警矿灯或甲烷报警矿灯。

308

《煤矿安全规程》中关于瓦斯超限有以下管理规定：

（1）矿井总回风巷或者一翼回风巷中甲烷或者二氧化碳浓度超过 0.75% 时，必须立即查明原因，进行处理。

（2）采区回风巷、采掘工作面回风巷风流中甲烷浓度超过 1.0% 或者二氧化碳浓度超过 1.5% 时，必须停止工作，撤出人员，采取措施，进行处理。

（3）采掘工作面及其他作业地点风流中甲烷浓度达到 1.0% 时，必须停止用电钻打眼；爆破地点附近 20m 以内风流中甲烷浓度达到 1.0% 时，严禁爆破。采掘工作面及其他作业地点风流中、电动机或者其开关安设地点附近 20m 以内风流中的甲烷浓度达到 1.5% 时，必须停止工作，切断电源，撤出人员，进行处理。采掘工作面及其他巷道内，体积大于 $0.5m^3$ 的空间内积聚的甲烷浓度达到 2.0% 时，附近 20m 内必须停止工作，撤出人员，切断电源，进行处理。对因甲烷浓度超过规定被切断电源的电气设备，必须在甲烷浓度降到 1.0% 以下时，方可通电开动。

（4）采掘工作面风流中二氧化碳浓度达到 1.5% 时，必须停止工作，撤出人员，查明原因，制定措施，进行处理。

（5）矿井必须从设计和采掘生产管理上采取措施，防止瓦斯积聚；当发生瓦斯积聚时，必须及时处理。当瓦斯超限达到断电浓度时，班组长、瓦斯检查工、矿调度员有权责令现场作业人员停止作业，停电撤人。矿井必须有因停电和检修主要通风机停止运转或者通风系统遭到破坏以后恢复通风、排除瓦斯和送电的安全措施。恢复正常通风后，所有受到停风影响的地点，都必须经过通风、瓦斯检查人员检查，证实无危险后，方可恢复工作。所有安装电动机及其开关的地点附近 20m 的巷道内，都必须检查瓦斯，只有甲烷浓度符合《煤矿安全规程》规定时，方可开启。

8.1.2　瓦斯超限报警及断电过程

因临时支护控顶不力造成工作面迎头上方冒顶事故发生。冒顶造成通风不畅，瓦斯涌出量增大，CH_4 传感器达到报警值，开始声光报警，如图 8-1~图 8-3 所示。

图 8-1　临时支护控顶不力

瓦斯超限后安全监控系统联动人员定位读卡器呼叫工作面作业人员紧急撤离，同时矿用广播分站广播通知作业区域人员按照避灾路线紧急撤离，如图 8-4 和图 8-5 所示。

工作面作业区域所有人员按照避灾路线紧急撤离，所有人员紧急撤离至安全地点，并向调度室汇报，如图 8-6~图 8-10 所示。

图 8-2　冒顶事故发生

图 8-3　CH₄ 传感器达到报警值开始声光报警

图 8-4　工作面作业人员紧急撤离

图 8-5　广播通知作业区域人员按照避灾路线紧急撤离

图 8-6　综掘工作面避灾路线

图 8-7　作业区域人员按避灾路线撤离

图 8-8　紧急撤离

图 8-9　撤离至安全地点

图 8-10 向调度室汇报

瓦斯浓度继续上升，超过设定断电值时，断电器控制电源自动断电，工作面区域生产设备停止运行，安全监控系统由备用电池供电，继续工作，如图 8-11~图 8-13 所示。

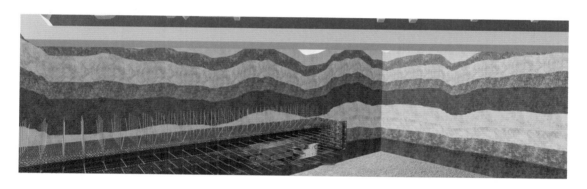

图 8-11 瓦斯浓度上升

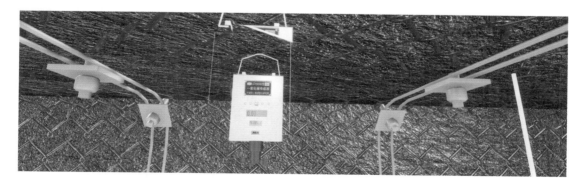

图 8-12 瓦斯浓度超过设定断电值

救护队员紧急处置事故地点的冒顶，恢复巷道支护，清理冒顶煤岩石，加大工作面通风风量，巷道内照明灯点亮、设备上电待命，声光报警停止，如图 8-14~图 8-16 所示。

图 8-13　断电器控制设备停止运行

图 8-14　救护队员紧急处置冒顶事故

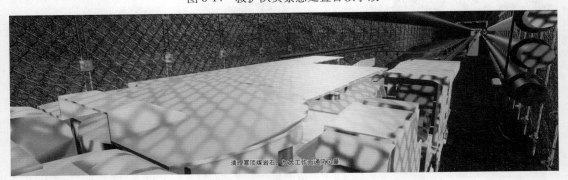

清理冒顶煤岩石，加大工作面通风风量

图 8-15　加大工作面通风量

图 8-16　照明灯点亮，声光报警停止

思 考 题

1. 简述煤矿安全监控系统的组成、功能。
2. 简述煤矿安全监控系统的相关安全规定。
3. 简述工作瓦斯超限的安全监控和处置过程。

8.2 人员井下定位及动态监管系统

8.2.1 定位系统的监测和管理功能

人员井下定位及动态监管系统是以现代无线电编码通信技术为基础，应用现代无线电通信技术中的信令技术及无线发射接收技术，结合数据通信、数据处理及图形展示等技术建立的动态监管系统。系统能够及时、准确地将井下各个区域人员和移动设备情况动态反映到地面计算机系统，使管理人员能够随时掌握井下人员和移动设备的总数及分布状况；系统能跟踪干部跟班下井情况，每个矿工入井、出井时间及运动轨迹，以便于企业进行更加合理的调度和管理。当事故发生时，救援人员可以根据系统所提供的数据、图形，及时掌握事故地点的人员和设备信息，也可以通过求救人员发出呼救信号，进一步确定人员位置及数量，及时采取相应的救援措施，提高应急救援工作的效率。

系统应该具有以下监测功能：

（1）监测携卡人员出/入井时刻、出/入重点区域时刻、出/入限制区域时刻；

（2）识别携卡人员出/入巷道分支方向；

（3）识别乘坐电机车等各种运输工具的携卡人员；

（4）识别多个同时进入识别区域的携卡人员。

系统应具有以下管理功能：

（1）显示、打印、查询携卡人员入井总数及人员、出/入井时刻、下井工作时间等功能，并具有超时人员总数及人员、超员人员总数及人员报警、显示、打印、查询等功能。

（2）显示、打印、查询携卡人员出/入重点区域总数及人员、出/入重点区域时刻、工作时间等功能，并具有超时人员总数及人员、超员人员总数及人员报警、显示、打印、查询等功能。

（3）系统应具有携卡人员出/入限制区域总数及人员、出/入限制区域时刻、滞留时间等显示、打印、查询、报警等功能。

（4）系统应具有特种作业人员等下井、进入重点区域总数及人员、出/入时刻、工作时间显示、打印、查询等功能，具有工作异常人员总数及人员、出/入时刻及工作时间等显示、打印、查询、报警等功能。

（5）系统应具有携卡人员下井活动路线显示、打印、查询、异常报警等功能。

（6）系统应具有携卡人员卡号、姓名、身份证号、出生年月、职务或工种、所在区队班组、主要工作地点、每月下井次数、下井时间、每天下井情况等显示、打印、查询等功能。

（7）系统应具有按部门、地域、时间、分站、人员等分类查询、显示、打印等功能。

8.2.2 人员定位系统展示

带班领导和工人准备下井在井口等候下井。带班领导乘罐笼经副井下井，走到井下调度室通过电话正常汇报工作。带班领导按照既定的检查路线，对作业区域和经过的区域检查，并做记录，检查完成后升井，如图 8-17~图 8-27 所示。

图 8-17 下井人员信息

图 8-18 准备下井

图 8-19 乘坐罐笼

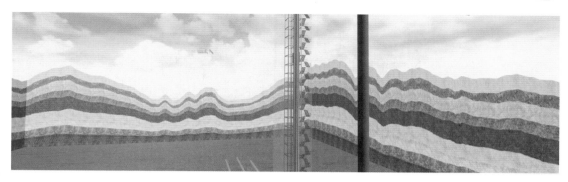

图 8-20　经副井下井

图 8-21　到达下井点

图 8-22　走出罐笼

图 8-23　带班领导通过电话汇报工作

8　安全与环保

图 8-24　按照规定检查路线巡查

图 8-25　检查路线

图 8-26　检查作业区

图 8-27　检查完成后升井

人员定位系统记录全矿井人员下井情况并记录井下超时工作人员、超员工作人员、特种作业工作人员、工作异常工作人员、重点区域工作人员、限制区域工作人员等信息，如图 8-28 所示。

图 8-28　人员定位

思　考　题

1. 人员定位系统应该具备哪些基本功能？
2. 简述人员定位系统在工作人员下井检查工作时所起的作用。

8.3　压风自救系统

8.3.1　压风自救系统

压风自救系统就是利用矿井原有的压风系统，包括压风机管路及附属设施，在管路中增设油水分离器及减压阀后，提供适宜人员呼吸的新鲜风流的一种安全避险系统，由空气压缩机、风包、井下压风管路及固定式永久性自救装置等组成，如图 8-29～图 8-34 所示。

图 8-29　地面压风机房及设备

压风自救系统在以下几种情况发挥紧急自救作用：

（1）发生煤与瓦斯突出事故，自救器失效或人员来不及使用自救器。

（2）采掘工作面突然停风，瓦斯等有害气体浓度升高，导致缺氧。巷道较长，人员不

图 8-30　压风送入井下

图 8-31　通过管路系统向灾区提供新鲜空气

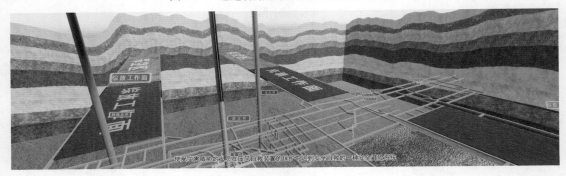

图 8-32　压风自救避险系统

图 8-33　井下压风管路

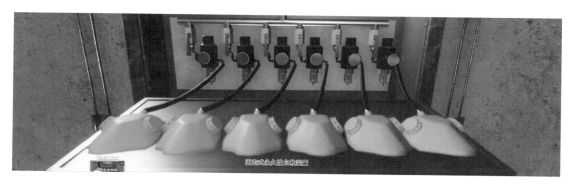

图 8-34　自救装置

能迅速安全地撤离。

（3）掘进工作面发生冒顶，且冒顶面积大，巷道被堵塞，冒顶区无风。

（4）当煤矿井下发生爆炸火灾等灾害事故后，人员无法撤出，被堵在巷道内或硐室内。

（5）人员进入移动式救生舱或避难硐室内。

压风自救系统的压风流程为：地面压风供应站→地面管道→副井井筒管道→井底车场→主要运输大巷→采掘工作面→各自救点压风自救装置。

当井下发生煤与瓦斯突出或巷道冒顶堵人时，遇灾人员可以迅速躲在压风自救系统处，利用压风自救系统提供的新鲜空气呼吸，以等待救护人员救护和达到安全撤离的目的。

压风自救装置是一种固定在生产场所附近的固定自救装置，它的气源来自生产动力系统，即压缩空气管路系统。压风自救装置由管道、开闭阀、连接管、减压组及防护套等5部分组成，具有减压、流量调节、消音、泄水、防尘等功能。当煤矿井下发生瓦斯浓度超标或超标征兆时，扳动开闭阀体的手把通畅气路，功能装置迅速完成泄水、过滤、减压和消音等动作后，此时防护套内充满新鲜空气供避灾人员救生呼吸。装置使用时将箱盒盖打开，取出半面罩并佩戴好，波纹管随之伸直，转动送风器外套打开气阀，压风经送风器内部的调节阀、过滤装置、波纹软管至半面罩输送给避灾人员。

矿用压风自救装置包括箱体，箱体上设有压风接头，其内设有5~8组分别与压风管相连的呼吸器，每组呼吸器的支管上均设有手动进气阀。当作业场所发生有害气体突然涌出、冒顶和坍塌等危险情况时，现场人员来不及撤离，应先佩戴随身携带的自救器，防止有害气体中毒或缺氧窒息，然后就近利用压风自救装置实行自救。打开门盖，扭开进气阀，取出呼吸面罩带上，通过供气量调节装置对压风管路提供的压风进行调节，再通过气动减压阀，进行减压和消除噪声，然后由积水杯将不清洁的压风变成清洁的呼吸空气，供给现场人员呼吸，达到稳定情绪、实现现场自救、等待救援的目的。如图 8-35 ~ 图 8-39所示。

8.3.2　压风自救装置设置地点及方式

所有的采掘工作面均要设置有压风自救装置。

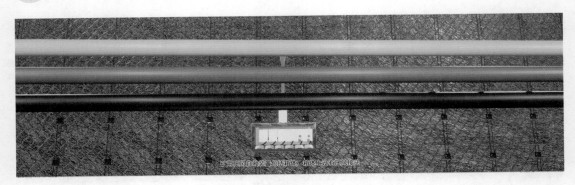

图 8-35　自救装置箱体及压风接头

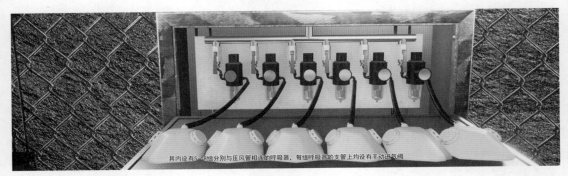

图 8-36　呼吸器

图 8-37　出现危险情况

图 8-38　佩戴随身携带的自救器

图 8-39　佩戴呼吸面罩

（1）压风自救装置在综采工作面的进风巷一般安装在距安全出口 60~100m 范围内，在综采面回风巷安装在距安全出口 26~60m 范围内，如图 8-40 和图 8-41 所示。

图 8-40　综采工作面进风巷压风自救装置

图 8-41　综采工作面回风巷压风自救装置

（2）压风自救装备在掘进工作面一般安装在距迎头 26~60m 范围内，然后每 600m 设置一组，如图 8-42 和图 8-43 所示。

　　煤与瓦斯突出矿井在井下硐室、井底车场，及流动人员较多的地段均应安装压风自救装置。

（3）井下紧急避险系统的永久避难硐室、临时避难硐室和救生舱内都应设置压风自救

图 8-42　掘进迎头压风自救装备

图 8-43　掘进面每 600m 设置一组

装置。压风管路应接入避难硐室和救生舱，并设置供气阀门，接入的矿井压风管路应设减压、消音、过滤装置和控制阀，压风出口压力在 0.1 ~ 0.3MPa 之间，供风量不低于 0.3m³/(min·人)，连续噪声不大于 70dB。进入避难硐室和救生舱前 20m 的管路应采取保护措施，如图 8-44 ~ 图 8-47 所示。

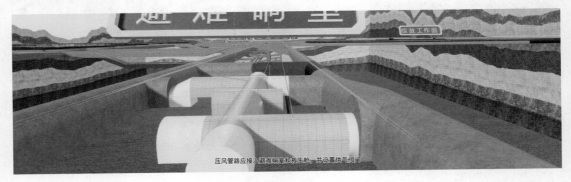

图 8-44　避难硐室和救生舱

8.3.3　相关安全规定

（1）所有矿井采区避灾路线上均应敷设压风管路，并设置供气阀门，间隔不大于 200m。

图 8-45　设置供气阀门

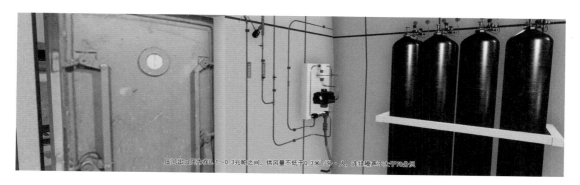

图 8-46　供风要求

图 8-47　采取措施保护供风管路

（2）煤与瓦斯突出矿井应在距采掘工作面 25~40m 的巷道内、爆破地点、撤离人员与警戒人员所在的位置以及回风巷有人作业处等地点至少设置一组压风自救装置。在长距离的掘进巷道中，应根据实际情况增加压风自救装置的设置组数。每组压风自救装置应可供5~8 人使用。其他矿井掘进工作面应敷压风管路，并设置供气阀门。

（3）主送气管路应装集水放水器。在供气管路与自救装置连接处，要加装开关和汽水分离器。压风自救系统阀门应安装齐全，阀门扳手要在同一方向，以保证系统正常使用。

（4）压风自救装置应具有减压、节流、消噪声、过滤和开关等功能，零部件的连接应牢固、可靠,不得存在无风、漏风或自救袋破损现象。压风自救装置的操作应简单、快捷、可靠。避灾人员在使用压风自救装置时,应感到舒适、无刺痛和压迫感。

(5) 压风自救装置安装在采掘工作面巷道内的压缩空气管道上,设置在宽敞、支护良好、水沟盖板齐全、没有杂物堆的人行道侧,人行道宽度应保持在 0.5m 以上,管路敷设高度应便于现场人员自救应用。

(6) 压风管路应接入避难硐室和救生舱,并设置供气阀门,接入的矿井压风管路应设减压、消音、过滤装置和控制阀。

(7) 井下压风管路敷设要牢固平直,压风管路每隔 3m 吊挂固定一次,岩巷段采用金属托管配合卡子固定,煤巷段采用钢丝绳吊挂。压风自救系统的支管不少于一处固定,压风自救系统阀门扳手要在同一方向且与巷道平行。

(8) 压风自救系统阀门应安装齐全,能保证系统正常使用。进入采掘工作面巷口的进风侧要设有总阀门。

思　考　题

1. 压风自救系统的作用是什么?
2. 什么情况下需要使用压风自救系统?
3. 简述压风自救装置的功能和使用方法。
4. 简述压风自救装置的设置地点及方式。
5. 简述压风自救的相关安全规定。

8.4　隐　患　排　查

8.4.1　局部通风系统隐患排查

局部通风系统隐患排查的内容有:风机安装记录检查,风机安装位置、距各部位的距离、安装方法,保护是否齐全,风筒吊挂情况,风筒漏风情况,局扇停风断电情况,停风撤人情况,瓦斯超限断电情况等。检查通风系统的人员通常有:安全检查员、瓦检员、设备管理员、风机安装工、风筒工、井下电工、风机使用单位有关人员。

局部通风机井下安装以前要先在地面上进行试运转,保证完好,满足供风要求。采用压入式通风方式时,局部通风机及其启动装置必须安装在巷道进风侧,距掘进巷道回风口不得小于 10m 的位置。采用抽出式通风方式时,局部通风机及其启动装置必须安装在巷道回风侧,距掘进巷道回风口不得小于 10m 的位置。局部通风机应安装在设计地点,安装地点应支护良好、无滴水。采用底架时,底架离地高应大于 30cm。采用吊挂式时,局部通风机吊挂高度及与顶帮间的距离符合规定要求,如图 8-48~图 8-50 所示。

局部通风机安装地点的风量,应大于局部通风机的最大吸风量,并保证该处巷道的风速满足安全生产要求。局部通风机进风口 5m 范围内不得有杂物或障碍物。局部通风机应安装消音器,风机与风筒之间要安装过渡节,连接牢固,风筒间与过渡节处不得漏风。风筒吊挂做到平、直、不拐直弯,要环环吊挂,变向处应加弯头,如图 8-51~图 8-55 所示。

图 8-48 局部通风机试运转

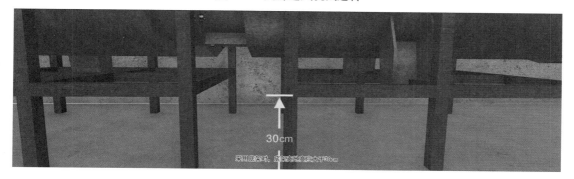

图 8-49 底架离地高度

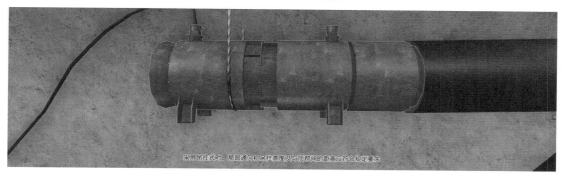

图 8-50 吊挂高度及与顶帮间的距离

图 8-51 局部通风机安装地点的风量

图 8-52　进风口不得有障碍物

图 8-53　应安装消音器

图 8-54　风筒吊挂要符合规定

图 8-55　变向处应加弯头

局部通风机选用要合理，能达到所需风量要求，必须要安设"三专"即：专用变压器、专用供电电源线路、专用开关。"两闭锁"即：风、电闭锁，瓦斯、电闭锁。现场应配备备用风机，如图 8-56 所示。

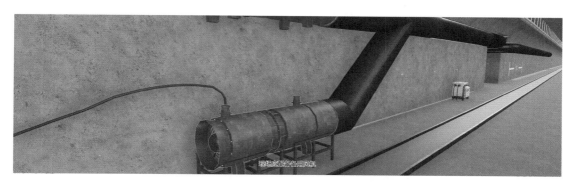

图 8-56　备用风机

8.4.2　综掘工作面的隐患排查

（1）检查甲烷传感器的吊挂位置是否正确。掘进工作面，甲烷传感器吊挂在风筒的对侧，距离工作面迎头不超过 5m。甲烷传感器的吊挂距离顶板不超过 300mm，距离巷帮不小于 200mm，拱形巷道吊挂在巷道拱基线上方不少于 1m 的位置，如图 8-57~图 8-62 所示。

图 8-57　综掘工作面隐患排查

图 8-58　甲烷传感器吊挂在风筒对侧

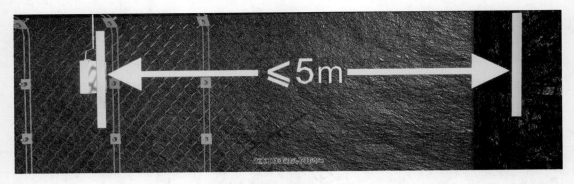

图 8-59　距离工作面迎头不超过 5m

图 8-60　距离顶板不超过 300mm

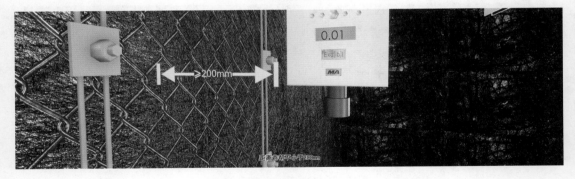

图 8-61　距离巷帮不小于 200mm

图 8-62　拱基线上方不少于 1m

（2）检查甲烷传感器读数显示是否正常，读数不正常则需更换新的甲烷传感器。检查甲烷传感器标校检定是否符合要求。如果调校后误差仍大于 0.05%，则需更换新的甲烷传感器。检查检测分站安装位置是否正确，掘进面检测分站应该安设在局部通风机前方，如图 8-63~图 8-65 所示。

图 8-63　检查甲烷传感器读数是否正常

图 8-64　甲烷传感器调校

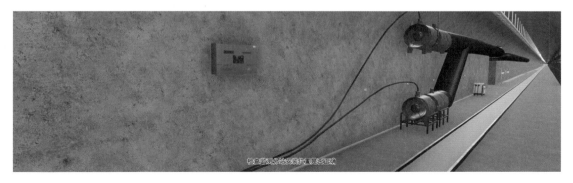

图 8-65　监测分站安装局部通风机前方

8.4.3　综采工作面的隐患排查

（1）检查甲烷传感器吊挂位置是否正确。综采工作面甲烷传感器距离工作面回风侧煤壁不超过 10m。甲烷传感器的吊挂距离顶板不超过 300mm。距离巷帮不小于 200mm。拱形巷道吊挂在巷道拱基线上方不少于 1m 的位置。

（2）检查甲烷传感器标校检定是否符合要求。如果调校后误差仍大于 0.05%。则需更换新的甲烷传感器。检查检测分站安装位置是否正确，低浓度瓦斯矿井监测分站可安设在进风巷道内，如图 8-66~图 8-74 所示。

图 8-66　综采工作面隐患排查

图 8-67　检查甲烷传感器吊挂位置

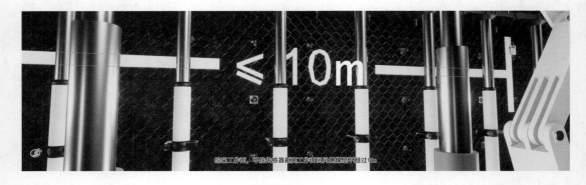

图 8-68　距离回风侧煤壁不超过 10m

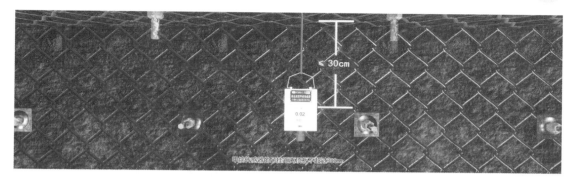

图 8-69　距离顶板不超过 300mm

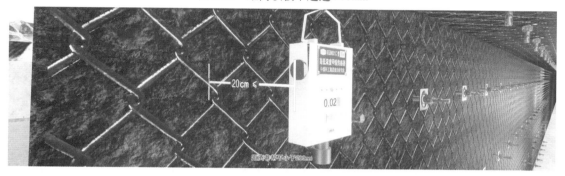

图 8-70　距离巷帮不小于 200mm

图 8-71　拱形巷道吊挂在拱基线上方不少于 1m 处

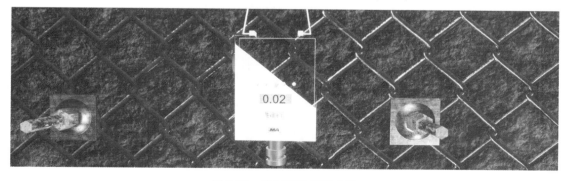

图 8-72　检查读数是否正常

图 8-73　检查甲烷传感器标校检定是否符合要求

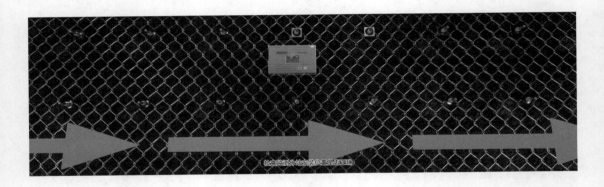

图 8-74　监测分站安设位置

8.4.4　采掘工作面电气设备隐患排查

现代化煤矿井下生产离不开用电。只要有用电的地方就离不开各种开关、启动器、变压器、接线盒、各种综合保护装置、电缆、电动机等用电设备，以上设备也是采掘工作面电气设备隐患排查的重要部分，如图 8-75~图 8-82 所示。

图 8-75　井下电器

图 8-76 各种开关

图 8-77 启动器

图 8-78 变压器

图 8-79 接线盒

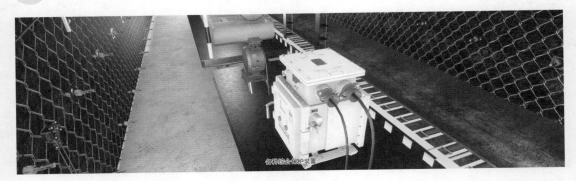

图 8-80 各种保护装置

图 8-81 电缆

图 8-82 电动机

　　参加采掘工作面电气设备隐患排查的人员，要有一定的煤矿防爆电气设备的知识并了解其工作原理。要清醒地知道防爆电气一旦失爆，恰遇瓦斯等有害气体，就会酿成瓦斯事故。因此，对电气设备的失爆现象要严格排查治理，杜绝失爆。

　　通常检查包括以下几种：

　　（1）检查电缆伸入母线盒长度是否满足 5~15mm，如图 8-83 所示。

　　（2）检查开关闭锁螺丝是否丢失，造成闭锁失灵，如图 8-84 所示。

　　（3）检查一个喇叭口是否出两条电缆线，密封圈起不到密封作用，如图 8-85 所示。

　　（4）检查电缆护套是否进入接线室，如图 8-86 所示。

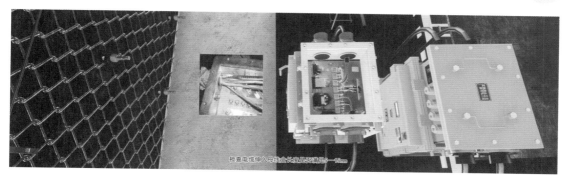

图 8-83　检查电缆伸入母线盒长度

图 8-84　检查开关闭锁螺丝

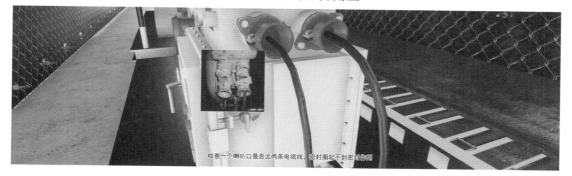

图 8-85　检查喇叭口

图 8-86　检查电缆护套

（5）检查小喇叭口是否出负荷线，这样容易造成接室内接线交叉，密封圈满足不了防爆要求，如图 8-87 所示。

图 8-87　检查小喇叭口

（6）检查开关上的接线室的压紧螺丝是否缺失或者没有使用放松弹簧，如图 8-88 所示。

图 8-88　检查开关上的接线室

（7）检查闲置喇叭口是否封堵。不接线的喇叭口，在电缆抽出之后应及时用合格的挡板将其封堵，否则会有灰尘进入，或发生漏电事故，如图 8-89 所示。

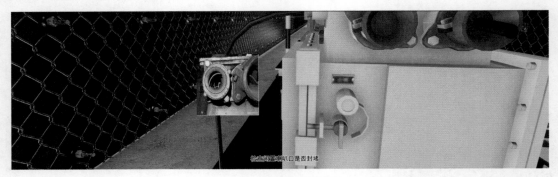

图 8-89　检查闲置喇叭口

（8）检查电缆绝缘层是否伤损，这样容易发生漏电事故，应及时进行修补消除隐患，如图 8-90 所示。

图 8-90　检查电缆绝缘层

（9）检查电缆是否存在不合格接头，如图 8-91 所示。

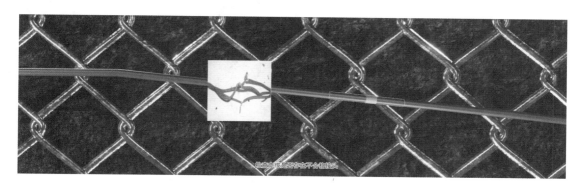

图 8-91　检查电缆接头

（10）检查开关外壳是否锈蚀，开关外壳锈蚀也是电气开关失爆的原因之一，如图 8-92 所示。

图 8-92　检查开关外壳

（11）检查三联按钮的按轴和孔是否尺寸配合。按钮在使用一段时间后，轴和孔的间隙会逐渐加大，一旦超限，会影响防爆性能，如图 8-93 所示。

（12）检查井下配电点电气设备是否安装接地极，如图 8-94 所示。

图 8-93　检查三联按钮的按轴和孔

图 8-94　检查电气设备接地极

思　考　题

1. 简述局部通风系统隐患排查内容和要求标准。
2. 简述综掘工作面的隐患排查内容和要求标准。
3. 简述综采工作面的隐患排查内容和要求标准。
4. 简述采掘工作面电气设备隐患排查内容和要求标准。

8.5　安全行为管理

8.5.1　不安全行为

　　煤矿井下作业人员不安全行为是指可能产生风险或导致事故发生的行为。不安全行为可分为有意识不安全行为和无意识不安全行为。有意识不安全行为，是指有目的、有意识、明知故犯的不安全行为，其特点是不按客观规律办事，不尊重科学，不重视安全；无意识安全行为，是一种非故意的行为，行为人没有意识到其行为是不安全行为。不安全行为可分为以下几类：

　　（1）忽视安全、无视警告的操作错误。如未经允许开动、关停、移动机器；开动、关停机器时未给信号；开关未锁紧造成意外转动、通电或泄漏等。

（2）造成安全装置失效的行为。如拆除了安全装置，安全装置堵塞或损坏等。

（3）使用不安全设备。如临时使用不牢固的设施，使用无安全装置的设备等。

（4）手代替工具操作。如用手代替手动工具，不用夹具固定，用手拿工件进行加工。

（5）物体（成品、半成品、材料、工具等）存放不当。

（6）冒险进入危险场所。如未"敲帮问顶"就开始作业，在绞车道上行走等。

（7）攀、坐不安全位置。

（8）在起吊物下作业、停留。

（9）机器运转时加油、修理、检查、焊接、清扫等。

（10）有分散注意力行为。

（11）在必须使用个人防护用品用具的作业或场合中，忽视其使用。如未佩戴防护手套、安全帽、呼吸护具、安全带等。

（12）不安全装束。

（13）对易燃、易爆等危险物品处理错误。

（14）综采、综掘、机电、运输、通防、爆破、巷道维护等各种作业中不遵守作业安全规定的不安全行为。

（15）违章指挥。

（16）违章作业。

（17）违反劳动纪律。

煤矿员工不安全行为是导致事故的主要原因，为预防和减少事故的发生，应加强行为管理措施。煤矿员工要遵守共性的安全行为准则，遵守综采作业、综掘作业、机电、运输、通防、爆破、巷道维护作业等的安全行为准则。

8.5.2　安全行为管理

矿山要在安全的前提下组织生产，因此生产现场就要杜绝违章指挥、违章作业、违反劳动纪律，如图8-95～图8-100所示。

图 8-95　井下生产

图 8-96 一氧化碳监测

图 8-97 工人作业

图 8-98 违章指挥

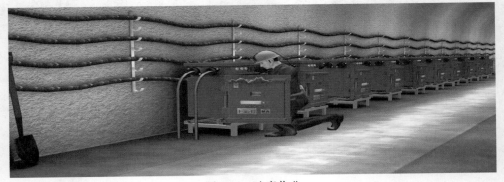

图 8-99 违章作业

图 8-100　违反劳动纪律

　　为了自身和他人的安全，必须坚持四不伤害：不伤害自己、不伤害他人、不被他人伤害、不让他人伤害他人，如图 8-101～图 8-106 所示。

图 8-101　巷道行走

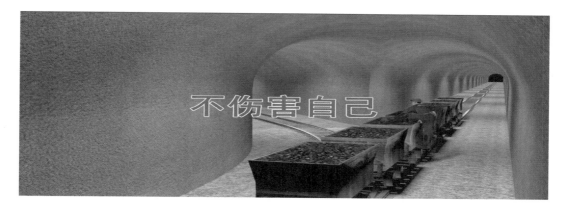

图 8-102　不伤害自己

图 8-103　不伤害他人

图 8-104　不被他人伤害

图 8-105　同事有撞车危险

图 8-106　将同事拉入安全区域

1. 什么是煤矿井下作业人员的不安全行为？
2. 不安全行为有哪些类型？
3. 简述不安全行为管理的重要性。

8.6　采煤塌陷治理

8.6.1　采煤塌陷区的形成

采煤塌陷是指由于井下开采煤炭，引起煤炭上覆岩层和地表的下沉，导致大量土地沉陷的现象。我国煤炭工业以井工开采为主，井工开采绝大多数采用长壁采煤工作面、自然垮落法处理顶板，因此形成大面积塌陷区。高强度的煤炭开采加剧了塌陷区的形成，同时在采煤疏排地下水时，破坏水系统的平衡，也会导致塌陷，如图 8-107 ~ 图 8-112 所示。

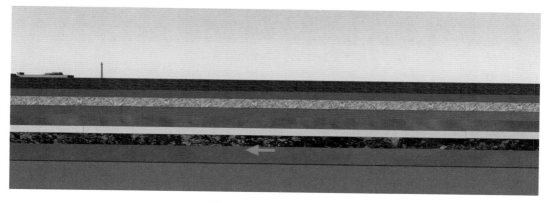

图 8-107　地下采煤活动

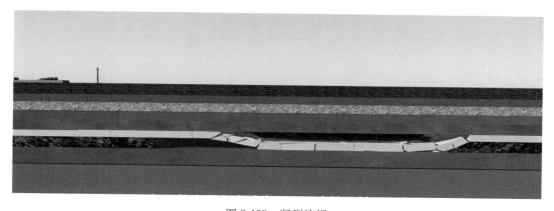

图 8-108　断裂垮塌

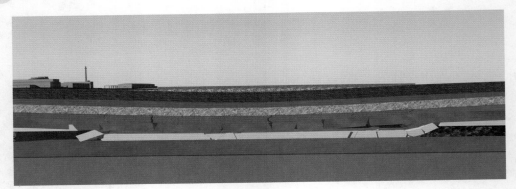

图 8-109　向上发展

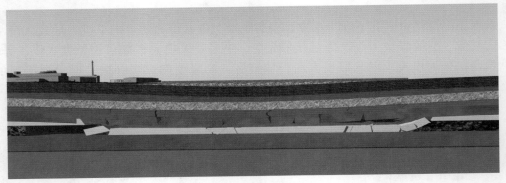

图 8-110　形成塌陷

图 8-111　疏排地下水

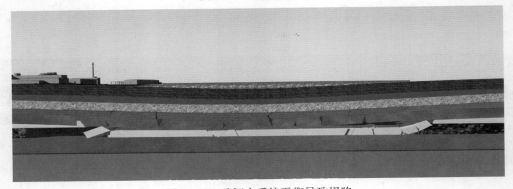

图 8-112　破坏水系统平衡导致塌陷

8.6.2 塌陷区分类

按地域地形分类，采煤沉陷区大概可以分为 3 类：

（1）丘陵山地塌陷区。其塌陷后地形地貌变化不太明显，积水较少，局部漏斗式塌陷坑及裂缝较多。我国的东北、西北及华北大部分地区的沉陷区即属此类。

（2）干旱平原塌陷区。这类塌陷区域主要集中在黄河以北平原地区，因其地下水位比较深，塌陷区域积水不多，修复利用比较容易。

（3）水域平原塌陷区。这类塌陷区主要在长江、黄河、淮河流域间的平原地带，这些区域水资源丰富、人口密度大、地势平缓，地下水位高，一旦塌陷后就会形成 1~2m 的常年积水，危害极其严重，修复比较困难。

按稳定程度来分，采煤塌陷区主要分为稳沉塌陷区、未稳沉塌陷区、待塌陷区三种类型。其中，又可按积水情况分别将稳沉塌陷区划分为积水稳定塌陷区、季节性积水稳定塌陷区和无积水稳定塌陷区三种小类型；将未稳沉塌陷区划分为积水不稳定塌陷区、季节性积水不稳定塌陷区和无积水不稳定塌陷区。待塌陷区是指在煤田范围内将要塌陷而未塌陷的土地区域。

8.6.3 塌陷区治理

采煤塌陷破坏了地表形态，导致地面快速变形、陷落、产生地裂缝、塌陷区积水，造成耕地、地面建筑、房屋、农业基础设施受损被毁和水资源破坏，农业生产环境逐步恶化。

在煤炭资源开发过程中，应通过科学规划、采用有效技术措施，预防、控制和减少采煤塌陷区的形成。对采煤形成的塌陷区，要积极采取措施综合治理。

采煤沉陷区综合治理应采取因地制宜原则，宜农则农、宜渔则渔、宜建则建。一般地，根据其区域位置和积水与否进行规划：在远郊旱地区，以挖深垫浅的农业复垦为主，积水区以水产养殖为主；在城镇旱地区，以开发城镇建设用地为主，积水区以生态景观恢复建设为主。有条件的，应积极发展风力发电、光伏发电以及农光互补、渔光互补等多种新能源综合利用等新兴发展方向，如图 8-113~图 8-115 所示。

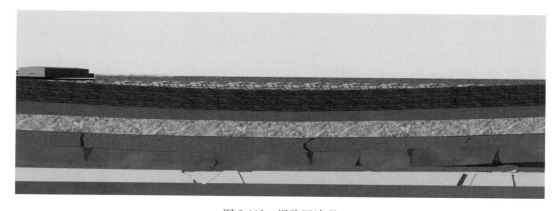

图 8-113　塌陷区治理

图 8-114　土地复垦

图 8-115　积水区治理

思 考 题

1. 采煤塌陷区是怎样形成的?
2. 采煤塌陷区是怎样分类的?
3. 简述采煤塌陷区的治理方法。

9 露天开采

本章提要： 介绍露天开采基本步骤、采场构成要素，可视化展示露天开采地面布置方式、露天开采生产作业过程，介绍间断开采工艺、连续开采工艺、典型半连续开采工艺的系统组成、特点和适用条件。

关键词： 露天开采；地面布置；采场；生产作业；间断开采工艺；连续开采工艺；半连续开采工艺

9.1 露天开采基本概念

对埋藏较浅的矿体，可采用剥离矿体上部覆盖岩土的方法进行开采，这种开采方法称为露天开采，露天采掘空间直接敞露于地表，如图 9-1 和图 9-2 所示。

图 9-1 露天开采鸟瞰图

9.1.1 露天开采的基本步骤

露天开采的基本步骤如下：

（1）地面准备。主要工作是在基本建设前，清除开采境界内地面的各种自然和人为的障碍物，把外部交通、供水、供电等系统引入矿区。

（2）矿区隔水和疏干。截断通过开采区域的河流或将其改道，疏干地下水，使水位低于要求的水平。

（3）矿山基本建设。按矿山开采设计，修筑道路，建立地面与开采水平的联系；进行基建剥离，揭露矿体；建立运输道路和开采工作线；建立地面运输系统、排土场、地面生

图 9-2　露天开采

产构筑物和其他设施。

（4）剥采生产。包括岩土剥离和采矿两部分作业。剥离是把矿体上部或周围的岩土层剥除，为采矿创造生产条件；采矿是采装揭露出来的矿体。剥采生产工艺包括穿孔、爆破、采装、运输及岩石排弃。

（5）矿山开采结束。在矿山开采过程中和结束后，都要对采场和排土场以及破坏植被的区域，进行恢复植被和覆土造田。开采结束，企业转产、搬迁或关闭。

9.1.2　采场构成要素

用矿山设备进行露天开采的场所，称为露天采场，它包括露天开采形成的采坑、台阶和露天沟道，如图 9-3 所示。

图 9-3　露天矿坑

根据采矿作业情况，露天矿分为山坡露天矿和凹陷露天矿。封闭圈以上称为山坡露天矿，以下称为凹陷露天矿。封闭圈是指露天采场最上部境界在同一标高上的台阶形成的闭合曲线。

露天开采时，把矿岩按一定的厚度划分为若干水平分层，自上而下逐层开采，并保持一定的超前关系，这些分层称为台阶或阶段，根据其矿岩属性被分为采矿台阶和剥离台阶，如图9-4所示。进行采矿和剥岩作业的台阶称为工作台阶，暂不作业的台阶称为非工作台阶。

图9-4 露天台阶和边帮

露天采场是由各种台阶组成的，由采场四周所有台阶及平台组成的总体表面，称为露天采场边帮。根据组成采场边帮台阶的性质，将采场边帮分为工作帮和非工作帮。工作帮是指由工作台阶或将要进行作业的台阶组成的边帮，其位置是不固定的，随开采工作的进行不断变化。非工作帮是指由非工作台阶组成的采场边帮。当非工作帮位于采场最终境界时，称为最终边帮或最终边坡。

台阶包括以下基本要素，如图9-5所示。

图9-5 台阶基本要素

台阶基本要素包括：

（1）台阶上部平盘。台阶的上部水平称为上部平盘。

（2）台阶下部平盘。台阶的下部水平称为下部平盘。

（3）台阶坡面。台阶朝向采空区一侧的倾斜面称为台阶坡面。

（4）台阶坡面角。台阶坡面与水平面的夹角称为台阶坡面角。

（5）台阶坡顶线。台阶上部平盘与坡面的交线称为台阶坡顶线。

（6）台阶坡底线。台阶下部平盘与坡面的交线称为台阶坡底线。

（7）台阶高度。台阶高度是指台阶上平盘与下平盘的垂直距离。

工作平台是指宽度足以设置穿爆、采装和运输设备以及其他必要设施的台阶下部平台，也称工作平盘，如图 9-6 所示。以硬岩剥离台阶为例，其宽度一般由以下几个要素组成：台阶坡顶线与运输线路间的安全距离、卡车运输线路的宽度、电铲作业宽度、电铲距上一台阶坡底线的安全距离。通过工作帮最上一台阶的坡底线和最下一台阶的坡底线所做的假想斜面称为工作帮坡面。工作帮上进行采矿或剥离作业的平台称为工作平盘。

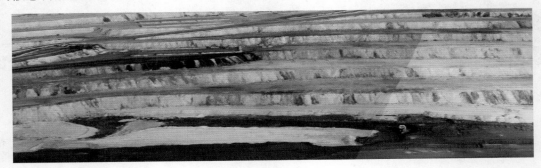

图 9-6　工作平台

露天矿开采终了时的空间状态与范围称为开采境界。开采境界包括地面境界、边帮和底部境界线。露天采矿终了时，最上台阶坡顶线和最下台阶坡底线组合成的假想平面与水平面的夹角，称为最终边帮角。

露天开采中，除开采矿石外，还要剥离大量岩土，剥离的岩土量与采出的矿石量之比称为剥采比，单位是 t/t 或 m^3/m^3。

开采时，将工作台阶划分成若干个具有一定宽度的条带顺序开采，称为采掘带。如果采掘带长度足够，且有必要，可沿全场划分为若干区段，各配备采掘设备进行开采，称为采区。在采区中，把矿岩从整体或爆堆中挖掘出来的地方，称为工作面。

露天矿开采需要设置车辆运行的通道，称为出入沟和开段沟。出入沟是建立某水平与矿床间运输联系的沟道；开段沟是指工作台阶上为创造初始工作线而开掘的水平沟。

9.1.3　露天开采特点

露天开采与地下开采相比，有以下特点：

（1）资源回收率高，一般在 90% 以上。

（2）露天采场作业空间大，可采用大型生产设备，机械化程度高，生产能力大，劳动生产率高，开采成本低。

（3）露天开采没有瓦斯、顶板冒落危害等，因此其安全性远远高于地下开采。

（4）由于露天矿生产场所是敞露的，露天生产直接受气温、大风、雨雪的影响，特别在我国北方地区，其生产具有明显的季节性。

（5）需要运移比采矿量高几倍的土岩到指定的排土场，剥采比的大小直接影响露天矿的经济效益。

（6）占地面积大，破坏生态环境。露天开采会对土地造成较大破坏，包括露天矿坑和外部排土场，需要做大量的土地复垦工作。

（7）对矿床埋藏条件要求严格，一般埋藏浅的矿体（煤层厚的煤田）适合露天开采。

思　考　题

1. 说明露天开采基本步骤。
2. 采场的构成要素有哪些？
3. 台阶的构成要素有哪些？
4. 解释开采境界、边帮角、剥采比、工作台阶、采掘带、采区的基本概念。
5. 说明露天开采的基本特点。

9.2　地　面　布　置

9.2.1　地面设施布置

露天矿工业场地要在采场周围布置各种地面设施和管线道路系统，如图9-7所示。按工艺流程和功能可划分为三大区，即生产区、辅助生产区和行政福利区。

图 9-7　地面布置

地面设施通常有办公楼、居住区、机修厂、机车车辆厂、汽车修配厂、大型设备组装厂、材料库、木材厂、预制厂、采石场、变电所、牵引变电所、火药库、水厂、压风机站、汽油库、油脂库、中心实验室、储矿场、选矿厂或筛分厂，以及外排土场等，如图9-8~图9-10所示。

图 9-8　矿部

图 9-9　储矿场

图 9-10　外排土场

9.2.2 管线布置

露天矿管线布置是指运输道路和工程管线的地面位置的确定。管线道路系统主要由煤运输系统和剥离运输系统的管道线路构成，包括去剥离站和排土场的干线、辅助作业运输系统、交流供电系统、牵引电网系统、通信照明系统、供热系统、供水系统、防排水及疏干系统，露天矿与公路干线的联络道路以及露天矿内各工段之间的联络道路等，如图 9-11 所示。

图 9-11 带式输送机

思 考 题

1. 露天矿工业场地按工艺流程和功能可划分为几个区域？
2. 露天矿通常有哪些地面设施？
3. 露天矿管线布置包括哪些内容？

9.3 露天生产作业过程

9.3.1 矿岩松碎作业

矿岩准备是对于难以挖掘的物料，需要在采装前预先破碎，做好准备，是露天开采的首要环节。

矿岩准备的主要作用包括以下几点：

（1）有利于提高采掘设备及运输设备的作业效率。

（2）有利于作业安全，可避免台阶上部大块砸挖掘机勺斗等。

（3）减少采掘设备由于啃硬岩而引发的设备故障。

（4）将矿岩合理破碎，可降低生产成本，提高经济效益。

矿岩准备一般包括穿孔工作和爆破工作两个环节。

穿孔作业是按照爆破设计的要求钻凿炮孔。穿孔设备可分为旋转式钻机（适用于硬以下岩石）、冲击转动式钻机（如潜孔钻机、适用于坚硬、极坚硬和耐磨蚀的岩石）、旋转冲击式钻机（如牙轮钻机，适用于中硬以下岩石），如图 9-12 所示。

钻机进行钻孔站立的位置与台阶坡顶线要保持一定的安全距离。钻机进行钻孔作业，钻完一个钻孔后进行下一个钻孔的作业，检查已完成钻孔的孔径、孔深。为了达到一定的

图 9-12 穿孔作业

爆破效果，钻孔分为垂直钻孔和倾斜钻孔，一般在台阶上布置成单排或双排。

爆破工作是指将矿用炸药，按一定的要求填在炮孔中，利用炸药爆炸产生的化学能将矿岩破碎至一定程度，并形成一定几何尺寸的爆堆，或使矿岩产生一定的位移，如图 9-13 所示。

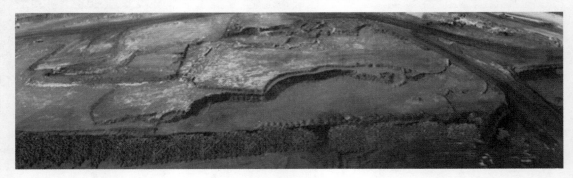

图 9-13 爆堆

9.3.2 采装作业

采装作业，是指利用一定的采掘设备将矿岩从整体或爆堆中采出，并装入运输设备或转载设备的工作，它在露天矿生产环节中居主导地位。根据设备类型不同，分为机械式单斗挖掘机采装作业、拉斗铲采装作业、轮斗铲采装作业、辅助设备采装作业等。

机械铲（机械式单斗挖掘机）的作业方式，按与运输设备站立的相对位置分为平装车、上装车、倒堆和联合装车四种，如图 9-14~图 9-17 所示。

图 9-14 平装车

图 9-15　上装车

图 9-16　倒堆

图 9-17　组合装车

轮斗挖掘机主要用来挖掘松软的物料，如图 9-18 所示。

图 9-18　轮斗挖掘机作业

9.3.3 运输工作

运输工作的任务包括将采场采出的矿石运送至选矿厂、破碎站和贮矿场，把剥离土岩运送到排土场，将生产过程中所需人员运送到工作地点，把设备材料运送到作业地点。露天矿的运输按运输设备分为铁道运输、自卸卡车运输和带式输送机运输，如图 9-19 所示。

图 9-19　汽车运输

汽车运输的优点是：

（1）机动灵活，调运方便，特别适于各种复杂的地形条件和多种矿岩的分采；

（2）只要矿床资源条件许可，采用重型汽车；

（3）爬坡能力强；

（4）运输组织简单；

（5）露天矿深度较大时，易于向其他运输方式过渡；

（6）可实现高段排土，提高排土效率。

自卸汽车运输的缺点是：

（1）吨公里运费高，运距受限，一般运距不超过 5.0km；

（2）自卸卡车的保养和维修比较复杂，需设置装备良好的保养修理基地；

（3）受气候影响较大，在雨季、大雾和冰雪条件下，行车困难；

（4）深凹露天矿采用汽车运输时，会造成矿坑内的空气污染。

9.3.4 排土作业

排土作业就是把剥离的岩土排弃到排土场。排土场分为内部排土场和外部排土场两种。内部排土是将岩土直接排弃在采空区内，是一种最经济的排土方式，一般用于开采倾角小于 10°的矿体；外部排土是将岩土排向路天坑境界以外的地方。

露天矿的排土工艺方式按采用的设备可分为推土犁排土、挖掘机排土（机械铲、吊斗铲）、推土机排土、带式排土机排土、前装机排土和铲运机排土等作业方式，如图 9-20 所示。

图 9-20　排土作业

思　考　题

1. 露天矿生产主要有哪些作业环节？
2. 矿岩准备的作用是什么，一般包括哪些环节？
3. 采装作业的作用是什么？按照设备类型，可分为哪几种采装作业方式？
4. 运输工作的任务是什么，露天矿通常会有哪几种运输方式？
5. 简述汽车运输的优、缺点。
6. 排土作业的任务是什么？解释内部排土和外部排土的基本概念。
7. 露天矿有哪几种排土工艺方式？

9.4　露天开采工艺系统

露天矿开采工艺系统是完成采掘、运输和排卸这三个环节的机械设备和作业方法的总称。按照采、运、排三大环节使用的设备类型或作业过程中矿岩流的特征，分为三大类：

（1）间断工艺，如机械铲—汽车工艺、无运输倒堆工艺。

（2）连续工艺，如轮斗铲—胶带输送机工艺。

（3）半连续工艺，机械铲—汽车—半固定破碎站—带式输送机工艺。

9.4.1　机械铲—汽车运输工艺系统

机械铲能够提供较大的挖掘能力，因此该工艺对矿床赋存条件、岩性等也具有较强的适应性，如图 9-21 所示。汽车爬坡能力强，转弯半径小，机动性强，使得该工艺较机械铲-铁道工艺更为机动灵活。

机械铲-汽车运输工艺系统，同样包括矿岩准备、采装、运输、排土等生产环节。

机械铲-汽车运输工艺进行设备选型应遵循以下原则：

（1）设备大型化、系列化，同时设备规格要与开采规模相适应；

（2）通常先选机械铲，再根据机械铲类型规格选择自卸卡车类型规格；

（3）在机械铲类型确定的情况下，选择自卸卡车类型和数量时，应在满足技术要求的前提下，拟定多个可行方案，从中选择成本较低的方案；

图 9-21 机械铲—汽车运输工艺

（4）载重量不同的自卸汽车经济合理运距不同，在选型时应考虑运距影响；

（5）为便于维修管理，主要采用设备尽量选用同一型号。

9.4.2 轮斗铲—胶带运输机工艺系统

连续工艺系统是针对间断工艺系统的缺点发展起来的。在条件适合的露天矿，连续工艺的利用效率远较间断工艺高，且能完成很大的采剥总量。完成相同的采剥总量，连续工艺与间断工艺比较，使用的设备总重量小，设备总容量和电耗小，工效高，成本低，虽然投资较高，但在合适的条件下，经济效果较好。连续工艺系统通常采用轮斗铲采掘、胶带输送机运输、胶带排土机排土，如图 9-22～图 9-24 所示。

图 9-22 轮斗铲连续采装

轮斗铲—胶带运输机工艺一般适合开采非黏性表土或爆破质量较好的中硬岩石，开采参数主要根据轮斗铲和带式输送机的参数确定，主要包括台阶高度、采掘带宽度、工作线长度、工作平盘宽度和工作线推进速度。

9.4.3 典型的半连续工艺系统

半连续工艺系统是指部分环节使用连续作业设备，另一些环节使用间断工艺设备的生产系统，由于各展所长，可以提高整个系统的效率。

图 9-23　胶带输送机输送

图 9-24　工艺系统布置

半连续工艺系统具有以下特点：

（1）能在硬岩开采中使用带式输送机运输，可提高单斗挖掘机的利用率和生产能力；

（2）大型单斗挖掘机配合带式输送机运输，可扩大露天矿开采规模；

（3）露天矿深部采用胶带开拓，可减少运输距离和开拓工程量；

（4）一般情况下经济效果优于间断工艺；

（5）因为采用带式输送机运输，对运送矿岩块度有较严格的限制，一般不得大于400mm；

（6）增加了破碎转载环节，使生产系统复杂化。

9.4.3.1　带移动式破碎机的半连续开采工艺系统

带移动式破碎机的半连续开采工艺系统由单斗挖掘机、工作面移动式破碎机、转载机、带式输送机和胶带排土机构成，适合于台阶不多，且工作线较平直的开采条件。

带移动破碎机的半连续工艺系统一般由机械铲负责采掘物料，装入移动破碎机受料仓，然后由给矿机把物料喂入破碎机，破碎后的物料由回转输送机经转载机送达工作面带式输送机，如图9-25～图9-28所示。

9.4.3.2　带固定或半固定破碎机的半连续工艺系统

采用移动式破碎机可简化运输环节，取消汽车运输，但在矿岩坚硬和赋存条件复杂的

图 9-25　机械铲挖掘

图 9-26　装入移动破碎机受料仓

图 9-27　物料破碎

露天矿中，采用移动式破碎机也存在一些问题。带式输送机不如汽车作业的机动性强，难以适应复杂开采条件；移动式破碎机系统较难实现混矿、中和作业；采场内设置的输送机网络会给钻机和其他设备的移动带来困难。在上述条件下采用半固定式破碎机更有优势。

带固定或半固定破碎机的半连续工艺系统一般由机械铲、工作面汽车、固定或半固定破碎机、带式输送机和胶带排土机组成。矿岩由机械铲采掘，装入自卸卡车后运至固定或半固定破碎站破碎，破碎后的物料经带式输送机运至指定地点，如图 9-29~图 9-31 所示。

图 9-28　转载机送达带式输送机

图 9-29　机械铲采掘矿岩装入汽车

图 9-30　汽车运送矿岩至破碎站

图 9-31　破碎后的物料由带式输送机输送

9.4.3.3 带筛分设备的半连续工艺系统

带筛分设备的半连续工艺系统一般由机械铲采掘，筛分设备筛选，筛后物料经带式输送机运走，大块用前装机或机械铲装入汽车运走，如图 9-32~图 9-35 所示。在半连续工艺系统中设置筛分环节的目的是降低破碎费用。

图 9-32 机械铲将物料装入筛分设备

图 9-33 筛分设备筛选

图 9-34 筛后物料经带式输送机运走

图 9-35 大块装入汽车运走

思 考 题

1. 什么叫露天开采工艺系统?
2. 露天开采工艺系统通常分为几大类?
3. 简述间断工艺系统特点和适用条件。
4. 简述连续工艺系统特点和适用条件。
5. 简述半连续工艺系统特点和适用条件。

参 考 文 献

[1] 毛善君，崔建军，令狐建设，等．透明化矿山管控平台的设计与关键技术 [J]．煤炭学报，2018，43（12）：3539-3548.

[2] 李梅，姜展，姜龙飞，等．三维可视化技术在智慧矿山领域的研究进展 [J]．煤炭科学技术，2021，49（2）：153-162.

[3] 毛善君，鲁守明，李存禄，等．基于精确大地坐标的煤矿透明化智能综采工作面自适应割煤关键技术研究及系统应用 [J]．煤炭学报，2021，46（9）.

[4] 侯运炳，杨大鹏．综采放顶煤工艺技术虚拟仿真实验教学，实验技术与管理 [J]．2020，37（11）：151-155.

[5] 孙振明，侯运炳，王雷．云渲染技术在虚拟仿真教学系统中的应用 [J]．实验技术与管理，2020，37（7）：136-139.

[6] 葛世荣，张帆，王世博，等．数字孪生智采工作面技术架构研究 [J]．煤炭学报，2020，45（6）：1925-1936.

[7] 杜计平，孟宪锐．采矿学 [M]．徐州：中国矿业大学出版社，2014.

[8] 张国枢．通风安全学 [M]．徐州：中国矿业大学出版社，2011.

[9] 方新秋，梁敏富．智能采矿导论 [M]．徐州：中国矿业大学出版社，2020.

[10] 郝需弟，张伟杰．矿山机械 [M]．北京：煤炭工业出版社，2018.

[11] 郭金明，张登明．采煤概论 [M]．徐州：中国矿业大学出版社，2014.

[12] 王邵留，刘瑞明．采煤概论 [M]．北京：机械工业出版社，2015.

[13] 陈刚，奉涛．采煤概论 [M]．北京：冶金工业出版社，2013.

[14] 周英．采煤概论 [M]．北京：煤炭工业出版社，2015.

[15] 康健，郭忠平．采煤概论 [M]．徐州：中国矿业大学出版社，2011.

[16] 东兆星，刘刚．井巷工程 [M]．徐州：中国矿业大学出版社，2013.

[17] 孙继平，杨大明，张志钰．煤矿井下安全避险六大系统建设指南 [M]．北京：煤炭工业出版社，2012.

[18] 张嘉勇，巩学敏，许慎．煤矿顶板事故防治及案例分析 [M]．北京：冶金工业出版社，2017.

[19] 国家安全生产监督管理总局．煤矿安全规程 [R]．2016.

[20] 国家安全生产监督管理总局信息研究院．煤矿员工不安全行为管理 [M]．北京：煤炭工业出版社，2014.

[21] 俞启香，程远平．矿井瓦斯防治 [M]．徐州：中国矿业大学出版社，2012.

[22] 赵红泽，曹博．露天开采学 [M]．北京：煤炭工业出版社，2019.